安全生产"谨"囊妙计图文知识系列读本

安全员管理知识学习读本

东方文慧　　中国安全生产科学研究院　编

中国劳动社会保障出版社

图书在版编目（CIP）数据

安全员管理知识学习读本/东方文慧，中国安全生产科学研究院编.—北京：中国劳动社会保障出版社，2015

ISBN 978-7-5167-1739-4

Ⅰ.①安…　Ⅱ.①东…②中…　Ⅲ.①安全生产–生产管理　Ⅳ.①X92

中国版本图书馆 CIP 数据核字（2015）第 067056 号

中国劳动社会保障出版社出版发行

（北京市惠新东街 1 号　邮政编码：100029）

*

三河市潮河印业有限公司印刷装订　　新华书店经销

880 毫米×1230 毫米　32 开本　4.75 印张　115 千字

2015 年 4 月第 1 版　　2023 年 5 月第 10 次印刷

定价：**25.00** 元

营销中心电话：400-606-6496

出版社网址：http://www.class.com.cn

版权专有　　　侵权必究

如有印装差错，请与本社联系调换：（010）81211666

我社将与版权执法机关配合，大力打击盗印、销售和使用盗版图书活动，敬请广大读者协助举报，经查实将给予举报者奖励。

举报电话：（010）64954652

编 委 会

前　言

　　事故是安全生产的大敌，是从业人员和企业负责人共同的敌人，安全隐患更像是躲在背后隐藏起来的敌人，随时可能给从业人员带来致命的伤害。因此，企业要像在战场上对待敌人一样对待安全生产事故，随时保持高度警惕，更要合理利用计谋，把敌人扼杀在摇篮里，最好不战而屈人之兵，及时发现并消除安全隐患，使安全生产事故发生的可能性降到最低程度。

　　计者，策略、计划也，也即方法和安排。凡事预则立，不预则废，就是指做事前要进行正确方法的选择和合理、巧妙的安排，否则就会失败。这是古人的智慧，也是经过数千年在各个领域得到检验的真理，也同样适用于企业的安全生产工作。

　　古代军事家善用计，巧妙施计可以达到以少胜多、以弱胜强的效果，而在生产实践中，如果能够合理地选择方法，再加上周密的安排，也能够达到事半功倍的效果。安全生产理论和实践都告诉我们，事故是可以预防的。因此，企业应该重视安全生产工作，将安全生产工作由事后补救改为事前预防。要达到这样的目的，企业必须花大力气进行安全生产制度建设和从业人员的安全生产培训教育，从管理和执行两个方面同时采取措施。"安全生产'谨'囊妙计系列知识读本"着眼于企业生产一线，利用通俗易懂的语言讲述安全生产最基本的安全生产知识，使读者在短时间内即可了解到安全生产事故发生的原因和避免的方法，以及发生事故后应紧急采取的应对措施，使事故损失有效降低。通过本书的阅读，可以使作业人员的安全生产意识和水平都得到有效提升，在生产实践过程中自觉地利用所学到的知识，实现安全生产。

目　录

第一计
安全管理是关键
角色定位要准确

——全面认识安全员

基层安全员是企业安全管理网络中的末梢，这是一个较为特殊也很重要的群体。许多安全信息的传递，作业地点与作业人员的安全状态，安全隐患的查处，各种设备的安全防护设施等，凡是与安全有关系的问题，都需要安全员来监督检查和督促完成。

第一招
领导二传手　生产先锋官

——了解安全员在安全生产
工作中的作用

安全员作为企业中最基层的安全生产管理人员，作用举足轻重。但要在岗位上有所作为，充分发挥自身的作用，还需正确地认识到自身肩负的责任，把握好自己的职权，以高度的责任心开展工作。

安全员的四种角色

1. 当好"先锋官"

安全员在安全生产上是主角。有的安全员担心自己抓安全得罪人，工作起来有力而不敢使，这主要是对自己在安全工作中的角色认识不到位。因此，安全员要及时找到自己的位置，增强主动性，在自己的职权范围内大胆管理，切实起到"报警器"和"稳定剂"的作用。

2. 做好"二传手"

当好"先锋官"并不是说事事要亲自做，关键是找准自己的位置，一方面为企业领导分忧，另一方面保障职工生命安全和企业财产安全。因此，安全员应积极主动地想办法、出主意，起到上情下达、下情上传的作用，促进企业上下协调配合。

3. 唱好"黑脸"

作为一名安全员，对职工在生产过程中出现的违章行为，必须严肃处理，不能感情用事、姑息迁就。要把违章当作事故来对待，切实把安全工作做实做细，从而保证职工生产作业的本质安全。

4. 当好"扫雷兵"

伤害事故的发生是难免的，在事故发生后，安全员要挺身而出，迅速采取应急措施，并协助企业认真查找事故原因，主动承担事故责任，采取有效的补救措施，把事故损失降到最小。

第二招
忙时勤指导　闲时做宣传
——明确安全员的职责

在很多基层企业，班组往往设有安全员，但一般都是兼职的，就是说班组安全员在干好本职工作的同时，还要协助班组长抓好班组的安全管理工作。班组作为企业的基层组织，其安全是否可靠直接关系企业安全生产大局，而安全员作用发挥得如何，对搞好班组安全生产有着极大的影响。因此，应充分发挥安全员的作用，做好安全生产工作。

一、组织指导作用

安全员的组织指导作用就是引导职工按照车间、班组的安全生产规章制度开展安全工作。在组织职工开展各项安全生产工作时，充分发挥其作用，如组织职工做好生产前的准备工作，强调在作业过程中应注意的安全问题等。安全员的组织能力发挥得好，对有效杜绝各类事故的发生起着至关重要的作用。

二、宣传教育作用

广泛开展安全事故宣传教育是做好安全工作的重要前提。安全员与岗位工人工作在一起，可充分发挥其在职工群众中的宣传阵地作用，利用工间休息和日常闲聊的时候适时在工人当中进行安全知识的宣传教育，这是做好安全工作的一项重要方法。如在

生产过程中，可根据生产特点、作业强度等，利用工间休息的时间有针对性地进行预防事故的安全知识宣传教育。另外，在每周的安全日活动上，可根据一周以来所开展工作、完成任务和生产变换等情况，及时在会上进行安全工作分析教育，对出现的事故苗头或上级通报的一些典型事故案例等，组织班组人员进行讨论分析，让职工在思想意识上时刻绷紧安全这根弦，在班组形成时时、处处、事事讲安全的良好氛围。

三、检查监督作用

抓安全工作，难就难在各项安全制度和措施的落实上。安全员与岗位工人工作在一起，可充分发挥其监督检查作用，把规章制度和安全措施贯彻到日常工作之中。要从点滴入手，严抓细管，从穿衣着装、日常出勤、物品放置等细小环节抓起，从小事上下功夫，严格检查落实各项安全制度，做到事故苗头一露头儿就有人管，异常情况一出现就有人报，使职工时刻保持清醒的头脑，做到居安思危，防微杜渐，常抓不懈，预防不测，及时消除不安全因素。

总之，安全员必须始终如一地履行好自己的安全职责，发挥自己的作用，认真负责地抓好安全工作，经常向领导汇报安全状况和职工的思想动态。

第三招
执法铁手腕　谈心温情传
——明白安全员的任职要求

安全员不是一种职务，只是一个在一线最直接从事安全管理的角色。人们常说，安全员是一个良心活儿。这种说法虽不很贴切，但也反映出安全员工作范围和工作尺度的弹性。对违章行为，对事故隐患，对预防措施，责任心不强的安全员可以睁一只眼闭一只眼，被查人员还有可能心存感激，但长此下去，发生事故的可能性非常大。因此，安全员必须认真履行自己的职责，在工作中做到严格按规章制度办事，才能杜绝和减少各类事故的发生。

一、安全员的任职要求

1. 执行党和国家安全生产、劳动保护方面的方针政策、法规和上级的指示，协助领导做好安全生产管理工作。

2. 和技术人员一起制定单项工程安全技术措施，协助项目领导检查安全制度的落实。

3. 深入现场检查指导安全工作，发现隐患，及时组织处理，制止违章作业和违章指挥行为。

4. 参加班组安全活动，指导班组安全员的业务工作，检查班组日志。

5. 随时掌握施工生产安全动态，在生产调度会上及时进行通报并部署下一阶段安全工作。

6. 负责现场大型设备及物资运输安全，负责工伤事故处理和

上报。

7. 负责劳保用品安全标准检查、监督和保健费的审批发放。

8. 做好安全工作的原始记录，按时上报有关资料和报表，并及时向有关部门汇报工作。

二、 安全员的工作要求

安全员是一线安全工作的指挥员和战斗员，要履行好岗位职责，就不能当"脱产干部"，必须和岗位工人打成一片，坚持做到三个"不脱离"。

1. 不脱离生产任务

在生产工作中应勇于主动承担重任，凡是需要岗位工人完成的生产任务指标，自己要首先带头完成，以优质、高效、超额的工作成绩赢得职工的信任，树立自己的威信。

2. 不脱离生产现场

既要坚持上好白班，更要经常性地参加夜班生产。只有这样，才能掌握生产现场的真实情况，取得生产全过程的第一手资料，增强安全管理的针对性和及时性。

3. 不脱离班组职工

只有调动班组职工的积极性，才能使班组安全工作上水平。安全员要经常和班组职工沟通思想，帮助他们解决思想困惑、生活和工作中的实际困难，不使一名班员带着思想包袱上岗；要因地制宜地多组织开展一些健康向上、寓安全教育于其中的文体活动，培养团队精神，建设和谐班组；要经常召开班组会议，主动把自己融入集体之中，把自己放到与班组成员平等的位置，和班组成员共同商讨班组安全工作，相互尊重、理解和支持，形成合力。

第二计
知识用时方恨少
安全学习掌握牢

——掌握安全生产基础知识

第一招
法规心中装　遇事有主张

——了解安全生产法律法规

一、安全生产方针

1. 安全生产方针的含义

我国的安全生产方针是"安全第一、预防为主、综合治理"。

安全第一是指在生产经营活动中，在处理保证安全与实现生产经营活动的其他各项目标的关系上，要始终把安全特别是从业人员和其他人员的人身安全放在首要的位置，实行"安全优先"的原则。在确保安全的前提下，努力实现生产经营的其他目标。

当安全工作与其他活动发生冲突与矛盾时，其他活动要服从安全，绝不能以牺牲人的生命、健康、财产损失为代价换取发展和效益。

预防为主是指在实现"安全第一"的各种工作中，做好预防工作是最主要的。它要求人们防微杜渐，防患于未然，把事故和职业危害消灭在萌芽状态。这是安全生产方针的核心和具体体现，是实施安全生产的根本途径，也是实现安全第一的根本途径。

综合治理是指安全生产必须综合运用法律、经济、科技和行政手段，从发展规划、行业管理、安全投入、科技进步、经济政策、教育培训、安全文化以及责任追究等方面着手，建立安全生产长效机制。将"综合治理"纳入安全生产方针，标志着对安全生产的认识上升到一个新的高度，是贯彻落实科学发展观的具体体现。

2. 正确理解安全生产方针

（1）坚持"以人为本"的思想。安全生产方针体现出了"以人为本"的思想。人的生命是最宝贵的，因此始终要把保证员工的生命安全和健康放在各项工作的首要位置。安全生产关系到员工的生命安全，"安全第一"的方针要求各级人民政府、政府有关部门及其工作人员、企业负责人及其管理人员，都必须始终坚持"以人为本"的思想，把安全生产作为经济工作和经营管理工作的首要任务。同样，也要求员工树立"以人为本"的思想，时刻把保护自己和他人的生命安全和健康作为大事，时刻绷紧安全这根弦，当安全与生产发生矛盾时，能够正确处理，确保安全。

（2）坚持预防为主。所谓预防为主，就是要把预防生产安全事故的发生放在安全生产工作的首位。安全生产方针要求把预防事故的发生放在安全生产的首位。对安全生产的管理，主要不是在发生事故后去组织抢救，进行事故调查，找原因，追责任、堵漏洞，而要谋事在先、尊重科学、探索规律，采取有效的事前控制措施，千方百计预防事故的发生，做到防患于未然，将事故消灭在萌芽状态。虽然人类在生产生活中还不可能完全杜绝安全事故的发生，但只要思想重视，预防措施得当，绝大部分事故特别是重大事故是可以避免的。从生产事故发生的原因来看：一是对安全生产和防范事故工作重视不够，主要表现为"重生产、轻安全"，把安全生产和经济发展对立起来，对一些重大事故隐患视而不见，空洞说教多，具体落实少，安全监督检查流于形式；二是有法不依，有章不循，执法不严，违法不究；三是有的重视事故发生后的调查处理，但对预防事故重视不够，必要的安全投入不够，甚至对已经出现的重大隐患没有及时采取防护措施，致使事故发生。因此，坚持预防为主，就要坚持培训教育为主。在提高生产经营单位主要负责人、安全管理人员和从业人员的安全素质上下功夫，最大限度地减少违章指挥、违章作业、违反劳动纪律的现象，努力做到"不伤害自己，不伤害他人，不被他人伤害"。只有把安全生产的重点放在建立事故隐患预防体系上，超前防范，才能有效减少事故造成的损失，实现安全第一。

（3）坚持综合治理。综合治理，是指适应我国安全生产形势的要求，秉承"安全发展"的理念，自觉遵循安全生产规律，正视安全生产工作的长期性、艰巨性和复杂性，抓住安全生产工作中的主要矛盾和关键环节，综合运用经济、法律、行政等手段，人管、法治、技防多管齐下，并充分发挥社会、职工、舆论的监督作用，形成标本兼治、齐抓共管的格局，有效解决安全生产领域的问题。实施综合治理，是一种新的安全管理模式，它是保证"安全第一，预防为主"的安全管理目标实现的重要手段和方法，只有不断健全和完善综合治理工作机制，才能有效贯彻安全生产方针。

在社会主义市场经济条件下，利益主体多元化，不同利益主体对待安全生产的态度和行为差异很大，需要具体分析、综合防范；安全生产涉及的领域广泛，每个领域的安全生产又各具特点，需要防治手段多样化；实现安全生产，必须从文化、法制、科技、责任、投入入手，多管齐下，综合施治；安全生产法律政策的落实，需要各级党委和政府的领导、有关部门的合作以及全社会的参与；

目前我国的安全生产既存在历史积淀的沉重包袱，又面临经济结构调整、增长方式转变带来的挑战，要从根本上解决安全生产问题，就必须实施综合治理。

二、安全生产法律体系的基本框架

我国安全生产法律体系是包含多种法律形式和法律层次的综合性系统，主要有以安全生产法律法规为基础的宪法规范、行政法律规范、技术性法律规范、程序性法律规范。按法律地位及效力同等原则，安全生产法律体系体现为如图所示的层级。

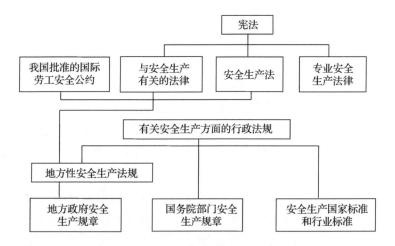

（1）《宪法》。《宪法》是安全生产法律体系框架的最高层级，其中第四十二条关于"加强劳动保护、改善劳动条件"是安全生产方面具有最高法律效力的规定。

（2）安全生产方面的法律。基础法有《安全生产法》和与它平行的专业安全生产法律和与安全生产有关的法律。《安全生产法》是综合规范安全生产的法律，是我国安全生产法律体系的"核心"。专业安全生产法律是规范某一专业领域安全生产的法律。如《矿山安全法》《海上交通安全法》《消防法》等。与安全生产有关的法律是指安全生产专门法律以外的其他法律中有安全生产规定内容的法律。这类法律有《劳动法》《建筑法》《煤炭法》《铁路法》《民用航空法》《全民所有制企业法》等。

（3）安全生产行政法规是国务院为执行安全生产法律和行施安全生产行政管理职能而制定的具体规定，是我们实施安全生产监督管理和监察工作的重要依据。安全生产行政法规有《使用有毒物品作业场所劳动保护条例》等。

（4）地方性安全生产法规是国家安全生产立法的补充，是安全生产法律体系的重要组成部分。地方性安全生产法规虽多系由法律授权制定，但其内容不得和法律、行政法规相抵触，其效力低于行政法规。随着《安全生产法》的颁布实施和安全生产监督管理体制改革，地方性安全生产立法也要及时修订完善。地方性安全生产法规有《北京市安全生产条例》等。

三、主要相关的法律法规

1.《宪法》

《宪法》第四十二条规定："中华人民共和国公民有劳动的权利和义务。国家通过各种途径，创造劳动就业条件，加强劳动保护，改善劳动条件，并在发展生产的基础上，提高劳动报酬和福利待遇……"第四十三条规定："中华人民共和国劳动者有休息的权利，国家发展劳动者休息和休养的设施，规定职工的工作时间和休假制度。"第四十八条规定："国家保护妇女的权利和利益……"

2.《劳动法》

《劳动法》共有十三章一百零七条，于 1994 年 7 月 5 日第八届全国人民代表大会常务委员会第 8 次会议审议通过，自 1995 年 1 月 1 日起施行。其立法的目的是为了保护劳动者的合法权益，调整劳动关系，建立和维护适应社会主义市场经济的劳动制度，促进经济发展和社会进步。第四章对维护和实现劳动者的休息权利，合理地安排工作时间和休息时间做出了法律规定；第六章从六个方面规定了我国职业健康安全法规的基本要求；第七章对女职工和未成年工特殊职业健康安全要求做出了法律规定。2009 年 8 月 27 日第十一届全国人民代表大会常务委员会第十次会议通过《全国人民代表大会常务委员会关于修改部分法律的决定》，自公布之日起施行。修改如下：《中华人民共和国劳动法》第九十二条中的"依照刑法第 × 条的规定""比照刑法第 × 条的规定"修改为"依照刑法有关规定"。

　　3.《安全生产法》

　　《安全生产法》于 2002 年 6 月 29 日第九届全国人民代表大会常务委员会第二十八次会议通过，同年 11 月 1 日颁布实施。2014 年 8 月 31 日第十二届全国人民代表大会常务委员会第十次会议通过全国人民代表大会常务委员会关于修改《中华人民共和国安全生产法》的决定，自 2014 年 12 月 1 日起施行。共有七章九十七条，主要对"生产经营单位的安全生产保障""从业人员的权利和义务""安全生产的监督管理"及"法律责任"做出了基本的法律规定。

　　4.《职业病防治法》

　　《职业病防治法》于 2001 年 10 月 27 日第九届全国人民代表大会常务委员会第二十四次会议通过，2002 年 5 月 1 日起施行。根据 2011 年 12 月 31 日十一届全国人大常委会第二十四次会议《关于修改〈中华人民共和国职业病防治法〉的决定》修正。《职业病防治法》分总则、前期预防、劳动过程中的防护与管理、职业病诊断与职业病病人保障、监督检查、法律责任、附则七章九十条，自 2011 年 12 月 31 日起施行。其立法的目的是为了预防、控制和消除职业病危害，防治职业病，保护劳动者健康及其相关权益，促进经济发展。职业病防治工作的基本方针是"预防为主、防治结合"；管理的原则是实行"分类管理、综合治理"。职业病一旦发生，较难治愈，所以职业病防治工作的重点是抓致病源头，采取前期预防的措施。职业病防治管理需要政府监督管理部门、用人单位、劳动者和其他相关单位共同履行自己的法定义务，才能达到预防为主的效果。《职业病防治法》中规定了劳动者职业卫生保护权利、用人单位的职业病防治职责以及职业病诊断和职业病人待遇等。

四、从业人员的安全生产基本权利

《安全生产法》主要规定了各类从业人员必须享有的、有关安全生产和人身安全的最重要、最基本的权利。这些基本安全生产权利，可以概括为以下八项：

1. 建议权

即从业人员有对本单位的安全生产工作提出建议的权利。建议权保障从业人员作为安全生产的基本要素发挥积极的作用，做到安全生产，人人有责。《安全生产法》第五十条规定："生产经营单位的从业人员有权了解其作业场所和工作岗位存在的危险因素、防范措施及事故应急措施，有权对本单位的安全生产工作提出建议。"

2. 获得各项安全生产保护条件和保护待遇的权利

即从业人员有获得安全生产卫生条件的权利，有获得符合国家标准或者行业标准劳动防护用品的权利，有获得定期健康检查的权利等。上述权利设置的目的是保障从业人员在劳动过程中的生命安全和健康，减少和防止职业危害发生。

3. 获得安全生产教育和培训的权利

即从业人员有获得本职工作所需的安全生产知识、安全生产教育和培训的权利。使从业人员提高安全生产技能，增强事故预防和应急处理能力。

4. 享受工伤保险和伤亡赔偿权

《安全生产法》明确赋予了从业人员享有工伤保险和获得伤亡赔偿的权利，同时规定了生产经营单位的相关义务。《安全生产法》第四十九条规定："生产经营单位与从业人员订立的劳动合同，应当载明有关保障从业人员劳动安全、防止职业危害的事项，以及依法为从业人员办理工伤保险的事项。生产经营单位不得以任何形式与从业人员订立协议，免除或者减轻其对从业人员因生产安全事故伤亡依法应承担的责任。"第五十三条规定："因生产安全事故受到损害的从业人员，除依法享有工伤保险外，依照有关民事法律尚有获得赔偿的权利的，有权向本单位提出赔偿要求。"第四十八条规定："生产经营单位必须依法参加工伤保险，为从业人员缴纳保险费。"此外，法律还针对生产经营单位与从业人员订立协议，免除或者减轻其对从业人员因生产安全事故伤亡依法应承担的责任的行为，规定此类协议无效。

5. 危险因素和应急措施的知情权

《安全生产法》第四十一条规定，生产经营单位应当教育和督促从业人员严格执行本单位的安全生产规章制度和安全操作规程；并向从业人员如实告知作业场所和工作岗位存在的危险因素、防范措施以及事故应急措施。要保证从业人员这项权利的行使，生产经营单位就有义务事前告知有关危险因素和事故应急措施。否则，生产经营单位就侵犯了从业人员的权利，并应对由此产生的后果承担相应的法律责任。

6. 安全管理的批评检控权

从业人员是生产经营活动的直接承担者，也是生产经营活动中各种危险的直接面对者，它们对安全生产情况和安全管理中的问题最了解、最熟悉，具有他人不能替代的作用。只有依靠他们并且赋予其必要的安全监督权和自我保护权，才能做到预防为主，防患于未然，保证企业安全生产。所以，《安全生产法》第五十一条规定，从业人员有权对本单位安全生产工作中存在的问题提出批评、检举、控告；有权拒绝违章指挥和强令冒险作业。

7. 拒绝违章指挥和强令冒险作业权

在生产经营活动中，经常出现企业负责人或者管理人员违章指挥和强令从业人员冒险作业的现象，并由此导致事故，造成大量人员伤亡。《安全生产法》第五十一条规定："生产经营单位不得因从业人员对本单位安全生产工作提出批评、检举、控告或者拒绝违章指挥、强令冒险作业而降低其工资、福利等待遇或者解除与其订立的劳动合同。"

8. 紧急情况下的停止作业和紧急撤离权

由于生产经营场所自然和人为危险因素的存在，经常会在生产经营作业过程中发生一些意外的或者人为的直接危及从业人员人身安全的危险情况，将会或者可能会对从业人员造成人身伤害。比如从事危险物品生产作业的从业人员，一旦发现将要发生危险物品泄漏、燃烧、爆炸等紧急情况并且无法避免时，最大限度地保护现场作业人员的生命安全是第一位的，法律赋予他们享有停止作业和紧急撤离的权利。《安全生产法》第五十二条规定："从业人员发现直接危及人身安全的紧急情况时，有权停止作业或者在采取可能的应急措施后撤离作业场所。生产经营单位不得因从业人员在前款紧急情况下停止作业或者采取紧急撤离措施而降低其工资、福利等待遇或者解除与其订立的劳动合同。"

五、从业人员的安全生产基本义务

1. 遵章守规，服从管理的义务

《安全生产法》第五十四条规定："从业人员在作业过程中，应当严格遵守本单位的安全生产规章制度和操作规程，服从管理，正确佩戴和使用劳动防护用品。"根据《安全生产法》和其他有关法律、法规和规章的规定，生产经营单位必须制定本单位安全生产的规章制度和操作规程。从业人员必须严格依照这些规章制度和操作规程进行生产经营作业。生产经营单位的从业人员不服从管理、违反安全生产规章制度和操作规程的，由生产经营单位给予批评教育，依照有关规章制度给予处分；造成重大事故，构成犯罪的，依照刑法有关规定追究其刑事责任。

2. 佩戴和使用劳动防护用品的义务

按照法律、法规的规定，为保障人身安全，生产经营单位必须为从业人员提供必要的、安全的劳动防护用品，以避免或者减轻作业和事故中的人身伤害。但实践中由于一些从业人员缺乏安全知识，认为没有必要佩戴和使用劳动防护用品，往往不按规定佩戴或者不能正确佩戴和使用劳动防护用品，由此引发的人身伤害事故时有发生，造成了不必要的伤亡。因此，正确佩戴和使用劳动防护用品是从业人员必须履行的法定义务，这是保障从业人员人身安全和生产经营单位安全生产的需要。从业人员不履行该项义务而造成人身伤害的，生产经营单位不承担法律责任。

3. 接受培训，提高安全生产素质的义务

从业人员的安全生产意识和安全技能的高低，直接关系到生产经营活动的安全可靠性。特别是从事危险物品生产作业的从业人员，更需要具有系统的安全生产知识，熟练的安全生产技能，以及对不安全因素和事故隐患、突发事故的预防、处理能力和经验。许多国有和大型企业一般比较重视安全生产培训工作，从业人员的安全生产素质比较高。但是许多非国有和中小企业不重视或者不搞安全生产培训，有的没有经过专门的安全生产培训，或者简单应付了事，其中部分从业人员不具备应有的安全生产素质，因此违章违规操作，酿成事故的比比皆是。所以，为了明确从业人员接受培训、提高安全生产素质的法定义务，《安全生产法》第五十五条规定："从业人员应当接受安全生产教育和培训，掌握本职工作所需的安全生产知识，提高安全生产技能，增强事故预防和应急处理能力。"

4. 发现事故隐患及时报告的义务

从业人员直接进行生产经营作业，他们是事故隐患和不安全因素的第一当事人。许多生产安全事故是由于从业人员在作业现场发现事故隐患和不安全因素后没有及时报告，以至延误了采取措施进行紧急处理的时机，并由此引发重大、特大事故。如果从业人员尽职尽责，及时发现并报告事故隐患和不安全因素，许多事故就能够得到及时报告并有效处理，从而完全可以避免事故发生和降低事故损失。所以，《安全生产法》第五十六条规定："从业人员发现事故隐患或者其他不安全因素，应当立即向现场安全生产管理人员或者本单位负责人报告；接到报告的人员应当及时予以处理。"这就要求从业人员必须具有高度的责任心，及时发现事故隐患和不安全因素，防患于未然，预防事故的发生。

5. 安全事故隐患及时处理的义务

根据《安全生产法》第三十八条规定，对于事故隐患，生产经营单位应当建立安全生产事故隐患排查治理制度，采取技术、管理措施，及时发现并消除事故隐患。第十八条规定，生产经营单位的主要负责人具有督促、检查本单位的安全生产工作，及时消除生产安全事故隐患的职责。第四十三条规定，生产经营单位的安全生产管理人员对检查中发现的安全问题，应当立即处理；不能处理的，应当及时报告本单位有关负责人，有关负责人应当及时处理。检查及处理情况应当如实记录在案。

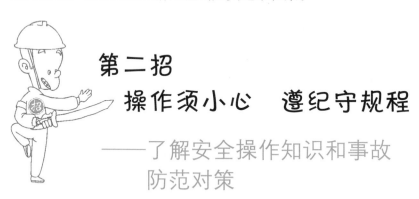

第二招
操作须小心 遵纪守规程

——了解安全操作知识和事故防范对策

一、机械设备安全操作和事故防范

机械设备从问世那天起就直接造福于人类。同时，由于各种机械设备开动后都具有能量，也潜在发生意外机械事故的可能。

机械设备安全操作就是为了保证机械设备运动部分的安全运行，避免发生伤亡事故。如果设备有缺陷，或防护装置失效，或操作不当，随时可能造成人身伤亡事故。

1. 机床

机床是利用切削方法将毛坯加工成机器零件的设备。在操作机床过程中，操作者与机床形成了一个运动体系。当这一体系的某一方面超出正常范围，就会发生意想不到的冲突而造成事故。

（1）机床常见的伤害事故：

1）轧伤、挤伤事故。操作者的局部（如手、头发或衣服等）卷入或夹入机床的旋转部件或运动部件中，造成轧伤、挤伤，或出现断指、头皮被拉脱等伤害。发生这类伤害事故，多是因为在机床旋转部分的凸出部位没有设置防护装置，或操作者违章操作。

2）操作者与机床相碰撞引起的伤害事故。当使用规格不合适或已磨损的扳手去拧螺母，并且用力过猛或扳手打滑时，人体就会因失去平衡而撞在机床上；由于操作者所占据的位置不当，如站在平面磨床或牛头刨床运动部件的运动范围内，就可能被平面磨床工作台或牛头刨床滑枕撞伤。

3）划伤、烫伤事故。操作者被飞溅的砂轮细磨料或崩碎的切屑划伤或烫伤，伤害部位主要是裸露的面部、手、颈部及眼睛等。

4）滑倒或跌倒而造成的伤害事故。这类伤害事故主要是由于工作现场环境不良，如照明不足，地面或脚踏板不平整或被油污污染，机床布置不合理，通道狭窄，零部件、物料堆放凌乱不堪，而造成操作人员跌倒或滑倒。

（2）机床安全操作要点。加工机床包括车床、钻床、铣床、刨床、磨床等，虽然它们的操作方法和功能不同，但在安全操作方面具有共同的特征，即运动件、切削刀具、被加工件等在与人接触处防护不当均可造成伤害事故。机床安全操作的要点是：

1）机床的操作、调整和检修，应由经过技术培训的人员进行。操作者要严格遵守安全操作规程。

2）在安装、更换刀具或工件时，应先停车。刀具要符合加工条件，工件和刀具的装夹要牢靠。

3）定期对机床进行保养和检修。操作者在操作过程中发现机床运行中存在的不安全状态，要及时采取措施加以消除，避免机床带病运行。

4）做好个人防护。操作者应按规定穿好工作服，上衣的袖口和下摆要扎紧；为防飞屑、油滴等杂物进入眼睛，要戴防护眼镜。在钻床、车床、铣床上作业时，严禁戴手套。

2. 冲床

冲压机械加工工序简单、速度快、生产效率高，其操作特点属于直线往复运动。冲压加工事故的特点往往是造成切断手指等伤害。

（1）冲压事故的原因：

1）心理疲劳导致操作失误。冲压设备的特点是运行速度快，每分钟几次到数百次。在一些机械化、自动化程度还不高的情况下，多数冲压作业还采用手工操作，如脚踏开关、手工上下料。由于操作简单、频繁、连续重复作业，易引起操作者心理疲劳，并发生误操作，如放料不准、模具移位等，从而造成冲断手指等伤害事故。

2）生理疲劳导致动作失调。由于冲压加工生产效率高，手工上下料体力消耗较大，容易造成操作者生理疲劳，致使动作失调而发生事故。

3）配合不默契。有些大型的冲压设备需要多人操作，配合不默契也易发生事故。

（2）冲床安全操作要点：

1）冲压作业中，特别是在供料、下料的手工操作中，操作者要精力集中，与设备协调配合，防止由于操作失误而造成伤害事故。

2）多人同时操作时，相互之间要默契配合，动作要协同一致，在全部操作者的肢体均完全退出危险区后，方可启动设备。

3）做好个人防护工作。操作者应将工作服整理就绪（上衣塞入裤内，袖口扎紧，头发拢入帽内），方可上岗。

3. 木工机械

由于木工机械比一般金属切削机床具有更高的切削速度和更锋利的刃口，因而木工机械设备属于危险性较大的机械设备，较一般金属切削机械更易引起伤害事故。

（1）木工机械事故的种类。木工机械操作中，由于其加工的木材燃点低，易发生火灾；加工木材时产生的木屑、粉尘及机械性噪声等，对人体健康均有损害；此外，高速旋转的锯片和加工木材的反弹力容易造成人身伤害事故。如操作者用手送料时，进入刀具与木材的接触处而产生的断指事故；被刀具打飞的木材，飞出的木屑、料头造成击伤人体事故等。

（2）木工机械安全操作要点：

1）尽量减少人手与刀具、木料的接触，如不要用手或木料去制动旋转的设备，以免因不慎使手接触转动的刀具造成事故。

2）手工送料时，注意检查木料上是否有节疤、弯曲或其他缺陷，避免推送木料时，意外地发生手与刃口接触。

3）装拆和更换刀具时，动作要准确，避免误触电源按钮而使刀具旋转，造成伤害。

二、起重吊运安全操作和事故防范

起重吊运以间歇、重复的工作方式，通过起重吊钩和其他吊具起升、下降及运移重物。

1. 起重吊运作业的危险性

（1）操作过程复杂。起重机械通常都有庞大的外形和复杂的机构，零部件也较多，如吊钩、钢丝绳等，且经常与作业人员直接接触，起重机司机要准确操作，相对来说难度较大。

（2）吊运物料复杂。起重吊运的物料多种多样，有散粒的、成件的、液态的、金属或非金属的，有低温的也有高温的，以及易燃、易爆、剧毒等危险物品。

（3）作业环境复杂。起重吊运作业由司机、指挥、绑挂人员等多人配合协同作业；作业场所的限制也比较多，像高温、高压、易燃易爆和输电线路等。

2. 起重伤害事故的种类

（1）吊物坠落。有因吊索存在缺陷（如钢丝绳拉断、平衡梁失稳弯曲、滑轮破裂导致钢丝绳脱槽等）造成的坠落；有因捆扎方法不妥（如吊物重心不稳、绳扣结法错误等）造成的坠落。

（2）挤压碰撞。吊装作业人员在起重机和结构物之间作业时，因机体运行、回转挤压导致的事故；由于吊物或吊具在吊运过程中晃动，导致操作者高处坠落或被击伤造成的事故；被吊物件在吊装过程中或摆放时倾倒造成的事故。

（3）触电。绝大多数发生在使用移动式起重机的作业场所，尤其在建筑工地或码头上，起重臂或吊物意外触碰高压架空线路的机会较多，容易发生触电事故。

（4）机体毁坏。由于操作不当（如超载、臂架变幅或旋转过快等）、支腿未找平或地基沉陷等原因使倾翻力矩增大，导致起重机倾翻。

3. 起重吊运安全操作要点

尽管起重机械的种类很多，但它们有着共同的特性，有着最基本、最普遍适用的安全操作要求。

（1）每台起重机的司机，都必须经过专门培训，考核合格后，持证上岗操作。

（2）司机接班时，应检查制动器、吊钩、钢丝绳和安全装置。开车前，必须鸣铃，确认起重机上或周围无人时，才能开始作业。

（3）操作应按指挥信号进行。吊运货物应走指定通道，不得从人头顶通过。听到紧急停车信号，不论是何人发出，都应立即停车。

（4）两台起重机同时进行台吊时，每台都不应超载，并且起吊速度要协调一致。

（5）吊运重物时不准落臂，必须落臂时，应先把重物放在地上。吊臂仰角很大时，不准将被吊的重物骤然落下，防止起重机向一侧翻倒。

（6）重物不得在空中悬停时间过长，且起落、回转动作要平稳，不得突然制动。

（7）有下列情况之一时，司机不应进行操作：

1）超载或物体重量不清时，如吊拔起重量或拉力不清的埋置物体，或斜拉斜吊等。

2）信号不明确，或工作场地昏暗，无法看清场地、被吊物情况和指挥信号时。

3）捆绑、吊挂不牢或不平衡，可能引起滑动时。

4）重物棱角处与捆绑钢丝绳之间未加衬垫，或被吊物上有人或浮置物时。

5）存在影响安全工作的缺陷或损伤，如制动器或安全装置失灵、钢丝绳损伤达到报废标准等。

三、触电事故防范

电气事故主要包括触电事故、静电危害、电磁场危害、电气火灾和爆炸等。由于物体带电不像机械危险部位那样容易被人们察觉到，因而更具有危险性。

1. 电流对人体的伤害

（1）电击。电流通过人体内部，使维持生命的重要器官（心脏、肺等）和系统（中枢神经系统）的正常活动受到破坏，甚至导致死亡。电击是全身性伤害，但一般不在人体表面留下大面积明显伤痕。

（2）电伤。电流转变成其他形式的能量造成的人体伤害，包括电能转化成热能造成的电弧烧伤、灼伤；电能转化成化学能或机械能造成的电印记、皮肤金属化及机械损伤、电光眼等。电伤多数是局部性伤害，在人体表面留有明显的伤痕。

（3）电磁场生理伤害。在高频电磁场的作用下，人体出现头晕、乏力、记忆力减退、失眠等神经系统的症状。

2. 常见触电形式

（1）低压单相触电。即在地面或其他接地导体上，人体的某一部位触及一相带电体的触电事故。大部分触电事故都是单相触电事故。

（2）低压两相触电。即人体两处同时触及两相带电体的触电事故。这时由于人体受到的电压可高达 220 V 或 380 V，所以危险性很大。

（3）跨步电压触电。当带电体接地有电流流入地下时，电流在接地点周围土壤中产生电压降，人在接地点周围，两脚之间出现跨步电压，由此引起的触电事故称为跨步电压触电。高压故障接地处或有大电流流过的接地装置附近，都可能出现较高的跨步电压。

（4）高压电击。对于 1 000 V 以上的高压电气设备，当人体过分接近它时，高压电能将空气击穿使电流通过人体。此时还伴有高温电弧，能把人烧伤。

3. 预防触电事故的措施

（1）采用安全电压。安全电压能限制人员触电时通过人体的电流在安全电流范围内，从而在一定程度上保障人身安全。安全电压额定值的等级为 42 V、36 V、24 V、12 V、6 V。当电气设备采用超过 24 V 的电压时，必须有防止人直接接触带电体的保护措施。凡手提照明灯、危险环境的局部照明灯、高度不足 2.5 m 的一般照明灯、危险环境中使用的携带式电动工具，均应采用 36 V 安全电压；凡工作地点狭窄，行动不便，如金属容器内、隧道或矿井内等，所使用的手提照明灯应采用 12 V 安全电压。

（2）保证绝缘性能。电气设备的绝缘，就是用绝缘材料将带电导体封闭起来，使之不被人体触及。作业环境不良，如存在潮湿、

高温、有导电性粉尘、腐蚀性气体等，可选用加强绝缘或双重绝缘的电动工具、设备和导线。电工作业人员应正确使用绝缘用具，穿戴绝缘防护用品，如绝缘手套、绝缘鞋、绝缘垫等。

（3）采用屏护。对电器不便设置绝缘的活动部分以及高压设备（人员接近，绝缘不能保证安全时），应有相应的屏护，如围墙、遮拦、护网、护罩等。必要时，还应设置声、光报警信号。

（4）保持安全距离。安全距离是带电部位与人体或其他设备之间必须保持的最小空间距离，其大小取决于电压的高低、设备的类型等因素。为了防止人体触及和接近带电体，为了避免其他工具碰撞或过分接近带电体，在带电体与人体之间、带电体与其他设施和设备之间，均应保持安全距离。

（5）合理选用电气设备。在潮湿、多尘，或有腐蚀性气体的环境中，应采用封闭式电气设备；在有易燃易爆危险的环境中，必须采用防爆式电气设备。

（6）装设漏电保护器。在电源中性点直接接地的保护系统中，必须安装漏电保护器，防止由于漏电引起人身触电和设备火灾事故。

（7）保护接地与接零。保护接地就是把电气设备在故障情况下可能出现危险的金属外壳用导线与接地体连接起来，使电气设备与大地紧密连通，在电源为三相三线制中性点不直接接地或单相制的电力系统中，应设保护接地线。保护接零就是把电气设备在正常情况下不带电的金属外壳，用导线与低压电网的零线连接起来，在三相四线制变压器中性点接地的电力系统中，单纯采取保护接地并不能从根本上保证安全，危险性依然存在，还应采用保护接零。

四、火灾爆炸事故防范

1. 火灾与爆炸事故的原因

（1）管理不善。生产用火（如焊接、锻造等）过程中，火源管理不当,对易燃物品缺乏科学的管理,库房不符合防火标准,没有根据物质的性质分类储存,将性质相互抵触的化学物品或灭火要求不同的物质放在一起,将遇水燃烧的物质放在潮湿地点等。

(2)违反操作规程。生产过程中,使设备超温超压运行,或在易燃易爆场所违章动火、吸烟或违章使用汽油等易燃液体。

(3)绝缘不良。电气设备安装不符合安全要求,出现短路、超负荷、接触电阻过大等事故隐患;易燃易爆生产场所的设备、管线没有采取消除静电措施,发生放电火花。

(4)工艺布置不合理。易燃易爆场所未采取相应的防火防爆措施,如应采用密闭式或防爆式的电气设备,没有按要求选用;设备缺乏维护、检修,或检修质量低劣。

(5)通风不良。生产场所的可燃蒸气、气体或粉尘在空气中达到爆炸浓度并遇火源;工作环境零乱,如棉纱、油布、沾油铁屑等放置不当,在一定条件下自燃起火。

2. 预防火灾爆炸事故的基本措施

预防火灾爆炸事故,必须坚持"预防为主,防消结合"的方针,严格控制和管理各种危险物及点火源。具体来说,就是消除导致火灾爆炸的物质条件和消除、控制点火源。

（1）消除导致火灾爆炸灾害的物质条件：

1）尽量不使用或少使用可燃物。通过改进生产工艺和技术，以难燃物或者阻燃物代替可燃物或者易燃物，以燃爆危险性小的物质代替危险性大的物质，这是防火防爆的基本原则。

2）生产设备及系统尽量密闭化。已密闭的正压设备或系统要防止泄漏，负压设备及系统要防止空气渗入。

3）采取通风措施。对于因生产系统或设备无法密闭或者无法完全密闭，可能存在可燃气体、蒸气、粉尘的生产场所，要设置通风装置以降低空气中可燃物浓度。

4）合理布置生产工艺。根据原材料火灾危险性质，安排、选用符合安全要求的设备和工艺流程。性质不同但能相互作用的物品应分开存放。

（2）消除或控制点火源：

1）防止撞击、摩擦产生火花。在爆炸危险场所严禁穿带钉鞋进入；严禁使用能产生冲击火花的工、器具，而应使用防爆工、器具或者铜制和木制的工、器具；机械设备中凡会发生撞击、摩擦的两部分都应采用不同的金属。

2）防止高温物体表面着火，对一些自燃点较低的物质，尤其需要注意。为此，高温物体表面应当有保温或隔热措施；禁止在高温表面烘烤衣物；注意清除高温物体表面的油污，以防其受热分解、自燃。

3）消除静电。在爆炸场所，所有可能发生静电的设备、管道、装置、系统都应当接地；增加工作场所空气的湿度；使用静电中和器等。

4）防止明火。生产过程中的明火主要是指加热用火、维修用火等。加热可燃物时，应避免采用明火，宜使用水蒸气、热水等间接加热。如果必须使用明火加热，加热设备应当严格密闭。在生产场所因烟头、火柴引起的火灾也时有发生，应引起警惕。

3. 灭火的基本方法

灭火的原理，是破坏燃烧过程中维持物质燃烧的条件，只要失去其中任何一个条件，燃烧就会停止。但由于在灭火时，燃烧已经开始，控制火源在多数情况下已经没有意义，主要是消除另外两个条件，即可燃物和氧化剂。通常采用以下四种方法：

（1）窒息灭火法。此法即阻止空气流入燃烧区，或用惰性气体稀释空气，使燃烧物质因得不到足够的氧气而熄灭。在火场上运用窒息法灭火时，可采用石棉布、浸湿的棉被、帆布、沙土等不燃或难燃材料覆盖燃烧物或封闭孔洞；将水蒸气、惰性气体通入燃烧区域内；在万不得已而条件又许可的情况下，也可采取用水淹没的方法灭火。

窒息灭火法适用于扑救燃烧部位空间较小、容易堵塞或封闭的房间、生产及储运设备内发生的火灾。灭火后，要严防因过早打开封闭的房间或设备，新鲜空气流入，导致"死灰复燃"。

（2）冷却灭火法。将水、泡沫、二氧化碳等灭火剂直接喷洒在燃烧着的物体上，将可燃物的温度降到燃点以下来终止燃烧；也可用灭火剂喷洒在火场附近未燃的可燃物上起冷却作用，防止其受辐射热影响而升温起火。

（3）隔离灭火法。将燃烧物质与附近未燃的可燃物质隔离或疏散开，使燃烧因缺少可燃物质而停止。这种方法适用于扑救各种固体、液体和气体火灾。隔离灭火法常用的具体措施有：将可燃、易燃、易爆物质和氧化剂从燃烧区移至安全地点；关闭阀门，阻止可燃气体、液体流入燃烧区；用泡沫覆盖已着火的可燃液体表面，把燃烧区与可燃液体表面隔开，阻止可燃蒸气进入燃烧区。

（4）化学抑制灭火法。将化学灭火剂喷向火焰，让灭火剂参与燃烧反应，从而抑制燃烧过程，使火迅速熄灭。使用灭火剂时，一定要将灭火剂准确地喷洒在燃烧区内，否则灭火效果不好。

在灭火中，应根据可燃物的性质、燃烧特点、火灾大小、火场的具体条件以及消防技术装备的性能等实际情况，选择一种或几种灭火办法。如对电气火灾，宜用窒息法，而不能用水浇的方法；对油火，宜用化学灭火剂。无论采用哪种灭火方法，都要重视初期灭火，力求在火灾初起时迅速将火扑灭。

五、企业内机动车辆的安全驾驶

企业内机动车辆，是指专用于企业内部物资材料运送的机动车辆，不同于公路上使用的车辆。在一些企业中，由于内部交通运输安全管理工作不规范，运输作业环境不良（如生产用的原料、材料、半成品以及边角废料等物放置不当），加之车辆技术装备不完善，驾驶人员素质低，导致企业内车辆伤害事故时有发生。

1．企业内机动车辆常见事故类型

（1）车辆伤害。包括撞车、翻车、挤压和轧辗等。

（2）物体打击。搬运、装卸和堆垛时物体的打击。

（3）高处坠落。人员或人员连同物品从车上掉落。

（4）火灾、爆炸。由于人为的原因发生火灾并引起油箱等可燃物急剧燃烧爆炸，或装载易燃易爆物品，因运输不当发生火灾爆炸。

2．企业内机动车辆事故的原因

企业内机动车辆伤害事故的原因较为复杂，与车辆的技术状况、道路条件、作业环境、管理水平，以及驾驶员的操作技能、应变能力、情绪好坏等一系列因素有关。

（1）违章驾驶：

1）无证驾车。企业内机动车辆驾驶员属于特种作业人员，需经过专业技术培训，考核合格，获得证书后方可独立驾驶。而非机动车辆驾驶人员不具备驾驶能力，也不了解车辆力学性能，更不掌握安全操作方法。

2）人货混载。车辆在急转弯或制动时，由于惯性和离心力的作用，使车上的人和货物相互碰撞、挤压，或把人和货物甩出车外，造成人身伤害事故。

3）违章装载。由于运输任务重，运距短，企业内车辆超载（超重、超高、超宽、超长）现象特别严重。由于超重使车辆轮胎负荷过大、变形严重，容易发生爆胎事故，也使车辆的制动性能降低，增加了事故发生的可能性。

（2）超速行驶。企业内机动车辆事故有 50％以上与车速过快有关。车速过快可破坏汽车的操纵性和稳定性，扩大了制动的不安全区域，导致事故发生。

（3）车况不良。企业内车辆多用于短距离生产运输，且特种车辆较多，加之技术维修力量不足，所以由于车况不良引发的事故占较大的比例。主要问题是防护装置、保险装置缺乏或存在缺陷，车辆及附件存在缺陷等。由于维修不及时，使得车辆带病行驶，埋下事故隐患。

（4）驾驶技术不熟练。有的驾驶员不熟悉车辆性能，不了解企业内道路行车特点，不能正确判断路面复杂情况，致使出现险情时惊慌失措。

3. 车辆安全驾驶要点

（1）行车前应观察车辆四周情况，确认安全无误后再起步。

（2）行车时，应关好车门、车厢，不准驾驶安全设备不全、机件失灵或违章装载的车辆。

（3）驾驶车辆时要精神集中，不准边驾驶车辆边吸烟、饮食、攀谈或做其他妨碍行车安全的活动，严禁酒后驾驶车辆。

（4）在厂内、车间、库房及露天施工工地行驶时，应按规定线路行使。要密切注意周围环境和人员动向，低速慢行，随时做好停车准备。

（5）严禁超重、超长、超宽、超高装运物品。装载物品要捆绑稳固牢靠。载货汽车不准搭乘无关人员。

（6）停车要选择适当地点，不准乱停乱放。停车后应将钥匙取下。

（7）严格遵守各种安全标志，试车时应做好安全监护，悬挂试车牌照，不得在非指定路段试车。

第三招
危时须防护　要求心中明
——做好劳动防护用品使用与管理

劳动防护用品（又称个体防护用品）是劳动者在劳动中为抵御物理、化学、生物等外界因素伤害人体而穿戴和配备的各种物品的总称。尽管在生产劳动过程中采用了多种安全防护措施，但由于条件限制，仍会存在一些不安全、不卫生的因素，对操作人员的安全和健康构成威胁。因此，劳动防护用品就成为保护劳动者的最后一道防线。

一、劳动防护用品概述

1. 对劳动防护用品的基本认识

（1）劳动防护用品是一种辅助性的安全措施。劳动防护用品在一定程度上只能延缓或减轻有害因素对人体安全、健康的伤害，要从根本上解决安全方面存在的问题，应从加强安全管理、实现生产设备及作业环境的本质安全上着手。

（2）根据实际需要发放劳动防护用品。应当根据实现安全生产、防止职业性伤害的实际需要，按照不同工种、不同劳动条件，制定发放劳动防护用品的标准，使发放劳动防护用品在种类、数量、性能上与实际需要相适宜，物尽其用，不致造成资金和物资的浪费。

（3）劳动防护用品不是生活福利待遇。有相当数量职工，包括一些领导，都将劳动防护用品误认为是生活福利待遇，多多益善，以致盲目提高发放标准，或者片面追求样式，使劳动防护用品失去了应有的保护作用。

（4）保证质量，安全可靠。对于生产中必不可少的特殊劳动防护用品，如安全帽、安全带、绝缘护品、防尘防毒面具等，必须根据特定工种的要求配备齐全，保证质量，并建立定期检验制度，不合格的、失效的一律不准使用。另外，在一些特定的作业场所中，要注意劳动防护用品的适用性，如在易燃易爆、有烧灼和静电发生的场所，就严禁职工穿用化纤类防护用品。

二、劳动防护用品的分类

1. 按照用途和防护部位分类
（1）以防止伤亡事故为目的的安全护品，主要包括：
1）防坠落用品，如安全带、安全网等；
2）防冲击用品，如安全帽、防冲击护目镜等；
3）防触电用品，如绝缘服、绝缘鞋、等电位工作服等；
4）防机械外伤用品，如防刺、割、绞碾、磨损用的防护服、鞋、手套等；
5）防酸碱用品，如耐酸碱手套、防护服和靴等；
6）耐油用品，如耐油防护服、鞋和靴等；
7）防水用品，如胶制工作服、雨衣、雨鞋和雨靴、防水保险手套等；
8）防寒用品，如防寒服、鞋、帽、手套等。
（2）以预防职业病为目的的劳动卫生护品，主要包括：
1）防尘用品，如防尘口罩、防尘服等；
2）防毒用品，如防毒面具、防毒服等；
3）防放射性用品，如防放射线服、铅玻璃眼镜等；
4）防热辐射用品，如隔热防火服、防辐射隔热面罩、电焊手套、有机防护眼镜等；
5）防噪声用品，如耳塞、耳罩、耳帽等。
（3）按人体防护部位分类。根据《劳动防护用品分类代码》

的规定，我国实行以人体防护部位的分类标准，将劳动防护用品分为 9 类：

1）头部防护用品。头部防护用品是为了防御头部不受外来物体打击和其他因素危害而配备的个人防护装备，包括安全帽、防尘帽、防寒帽等 9 类产品。安全帽具备冲击吸收性能、耐穿刺性能及一些特殊技术性能要求，如炉前作业要求阻燃性能，坑道作业要求倾向刚性，易燃易爆场所要求抗静电等。安全帽的使用寿命在 3 年左右，当过长地暴露在紫外线或者受到反复冲击时，其寿命会缩短。

2）呼吸器官防护用品。呼吸器官防护用品是为了防御有害物质从呼吸道吸入，或直接向使用者供氧或新鲜空气，以保证在尘、毒污染或缺氧环境中作业人员能正常呼吸的防护用品。按防护功能可分为两类：一类是过滤呼吸保护器，它可去除污染而使空气净化，如防尘口罩、防毒面具等；另一类是供气式呼吸保护器，它可向佩戴者提供洁净空气，如压缩空气呼吸器等。

3）眼面部防护用品。眼面部防护用品是为了预防烟、尘、金属火花及飞屑、热、电磁辐射、化学品飞溅等伤害眼睛或面部的护品。根据防护功能，大致可分为防尘、防水、防强光等 9 类。目前我国生产和使用较为普遍的有三种：焊接护目镜及面罩，其作用是防止非电离辐射、金属火花和烟尘等危害；炉窑护目镜，其作用是预防炉、窑口辐射出的红外线和少量可见光、紫外线对眼睛的危害；防冲击眼护具，其作用是预防铁屑、灰砂、碎石等外来物对眼睛的冲击伤害。

4）听觉器官防护用品。听觉器官防护用品是为了预防噪声对人体引起的不良影响的防护用品。主要有三类：一类是置放于耳道内的耳塞，使用时要特别注意耳塞的清洁问题及耳塞与使用者耳道的匹配问题；另一类是置于外耳外的耳罩，使用时要顺着耳形戴好，并注意检查罩壳有无裂纹和漏气现象；第三类是覆盖于头部的防噪声头盔，一般有软式（如航空帽）和硬式两种。

5）手部防护用品。通常称为劳动防护手套，具有保护手和手臂的作用。按照防护功能分为一般防护手套、防酸碱手套、防寒手套、绝缘手套、防高温手套等12类。使用时要考虑到舒适、灵活的要求和防高温的需要及可能用其抓起的物件的种类条件的需要等，还要考虑使用者遇到的危险因素，如是否有存在被卷到机器中去的危险。

6）足部防护用品。通常称为劳动防护鞋，是防止生产劳动过程中有害物质或外逸能量损伤劳动者足部的护品。按照功能分为防水鞋、防寒鞋、防静电鞋、防酸碱鞋、电绝缘鞋等13类。根据防护鞋功能的需要，所有防护鞋都应满足如下要求：防护鞋外底必须具有防滑块；鞋后跟应具有适宜的高度；鞋帮材料要耐磨且透湿性好；鞋后跟具有缓冲性，能瞬间吸收能量。

7）躯干防护用品。躯干防护用品即防护服，按照防护功能分为普通防护服、防水服、防寒服、阻燃服、防电磁辐射服等14类。防护服的主要功能是有效地保护劳动者免受劳动环境中的物理、化学和生物等因素的伤害。防护服除安全可靠，适合作业场所的需要外，还要舒适大方，适合行业特点。

8）护肤用品。护肤用品用于防止皮肤外露部分（主要是面、

手）受到化学、物理等因素（如酸碱溶液、漆类、紫外线、微生物等）的侵害。护肤用品一般是在整个劳动过程中使用，上岗时涂抹，下班后清洗，可起一定隔离作用。按照防护功能，分为防晒、防射线、防油、防酸、防碱等类型。

9）防坠落用品。防坠落用品是为了防止作业人员从高处坠落的护品，主要有安全带和安全网两种。

2. 按劳动防护用品防护性能分类

劳动防护用品还可以分为特种劳动防护用品与一般劳动防护用品。特种劳动防护用品是指使劳动者在劳动过程中预防或减轻严重伤害和职业危害的劳动防护用品，一般劳动防护用品是指除特种劳动防护用品以外的防护用品。

特种劳动防护用品分为如下 6 大类：

（1）头部护具类，如安全帽等。

（2）呼吸护具类，如防尘口罩、过滤式防毒面具、自给式空气呼吸器、长管面具等。

（3）眼（面）护具类，如焊接眼面护具、防冲击波眼护具等。

（4）防护服类，如阻燃防护服、防酸工作服、防静电工作服等。

（5）防护鞋类，如防静电鞋、防穿刺鞋、电绝缘鞋、耐酸碱皮胶靴、耐酸碱皮鞋等。

（6）防坠落护具类，如安全带、安全网、密目式安全立网等。

三、对劳动防护用品的要求

1. 对劳动防护用品的质量要求

防护用品质量的优劣直接关系到职工的安全与健康，必须经过有关部门核发生产许可证和产品合格证。其基本要求是：

（1）严格保证质量。

（2）所选用的材料必须符合要求，不能对人体构成新的危害。

（3）使用方便舒适，不影响正常操作。

2. 对劳动防护用品的管理要求

企业应当根据工作场所中的职业危害因素及其危害程度，按照法律、法规、标准的规定，为职工免费提供符合国家规定的护品。不得以货币或其他物品替代应当配备的护品。企业在发放和管理劳动防护用品时应做到：

（1）到定点经营单位或生产企业购买特种劳动防护用品。特种劳动防护用品必须具有"三证"和"一标志"，即生产许可证、产品合格证、安全鉴定证和安全标志。购买的特种劳动防护用品须经本单位安全管理部门验收，并应按照特种劳动防护用品的使用要求，在使用前对其防护功能进行必要的检查。

（2）根据生产作业环境、劳动强度以及生产岗位接触有害因素的存在形式、性质、浓度（或强度）和防护用品的防护性能进行选用。

（3）按照产品说明书的要求，及时更换报废过期和失效的护品。

（4）建立健全防护品的购买、验收、保管、发放、使用、更换、报废等管理制度和使用档案，并进行必要的监督检查。

四、劳动防护用品的使用

1. 正确选用和坚持使用劳动防护用品

必须根据工作场所中的危害因素及其危害程度，正确、合理地选用护品，并养成只要上岗作业就按要求穿戴防护用品的良好习惯。在生产设备和作业环境尚未实现本质安全的情况下，劳动防护用品仍不失为减少事故、减轻伤害程度的一种有效措施。但由于设计或制作上的原因，一些劳动防护用品穿戴后会使人感到不舒适、不灵活，有的很笨重，使得职工不愿穿戴；还有的职工怕麻烦，觉得穿不穿两可。因此，班组长、安全员要认真做好宣传教育工作，使职工真正认识到劳动防护用品对保障安全和健康的重要作用，自觉地按照规定要求穿戴劳动防护用品。

2. 通过教育培训，使职工做到"三会"

"三会"即会检查护品的安全可靠性、会正确使用护品、会维护保养护品。首先，劳动防护用品的质量对使用者来说至关重要，有时甚至是性命攸关的问题。如安全带在使用中发生断裂，后果是不堪设想的。因此，职工必须掌握所使用的防护用品的性能、要求，能发现存在的缺陷和质量问题，保证其使用安全。其次，劳动防护用品使用正确与否，直接影响其能否发挥应有的作用。因此，职工必须了解护品正确的使用方法和注意事项，避免在工作中遭受不应有的伤害。最后，要掌握防护用品维护和保养的方法，特别是对安全帽、安全带等一些特殊防护用品，要定期检查和保养，保持其良好性能。

3. 常用劳动防护用品的作用和使用注意事项

（1）眼（面）防护用品的作用和使用注意事项。常用眼（面）部防护用品主要有以下种类：

1）焊接护目镜，主要防止高温产生的红外线、紫外线和强烈可见光对眼睛的伤害，主要用于焊接等工种。

有机玻璃防冲击眼镜（眼罩），用于金属切削加工、金属磨光、锻压工件、粉碎金属等作业场所。

手持式焊接面罩，用于一般短暂电焊、气焊作业场所。

头戴式电焊面罩，适用于电焊、气焊操作时间较长的岗位。

2）眼（面）防护用品的作用。在生产作业过程中，如从事金属切削作业，使用手提电动工具、气动工具进行打磨作业、冲刷作业等，一些异物容易进入眼内对眼睛造成伤害。有的固体异物高速飞出（如金属碎片）时若击中眼球，可能会使眼球破裂或发生穿透性损伤。使用眼（面）防护用品可防止伤害事故发生。

另外，眼（面）防护用品还有防止化学性物品的伤害和防止强光、紫外线和红外线的伤害的作用。

3）眼（面）防护用品的使用注意事项。如果进入的作业场所中，有高速运动、转动的工具或机械在使用，如机械加工的打磨、切削、铣、刨等作业场所，工作人员都要佩戴防冲击眼护具，防止来自正面和侧面的各种重物或冲击物对眼睛的伤害。在焊接作业场所中，应选择可防护焊接弧光和冲击物伤害的焊接面罩，防止异物进入眼睛。

眼（面）防护用品要选用经产品检验机构检验合格的产品。眼（面）防护用品的宽窄和大小要适合使用者的脸型，要专人使用，防止传染眼病。

眼（面）防护用品的核心部件是具有防护功能的镜片和支架。每次使用前后都应检查，当镜片出现裂纹，或镜片支架开裂、变形或破损时，都必须及时更换。眼（面）防护具使用后需要清洁，应参照使用说明或厂家指导进行维护，不能使用有机溶剂进行清洗。防护眼镜的镜片如果有轻微的擦痕，不会影响防冲击性能；但如果已经影响到视觉，应立即更换。

（2）防护手套的作用和使用注意事项：

1）防护手套的种类和作用。常用防护手套主要有以下种类：一般工作手套；绝缘手套；防静电手套；耐酸碱手套；防机械伤害手套；焊接手套；防振手套；耐火阻燃手套；隔热防护手套；防滑手套。

2）防护手套的作用。防护手套的作用有防止火与高温、低温的伤害。防止电磁与电离辐射的伤害。防止电、化学物质的伤害。防止撞击、切割、擦伤、微生物侵害以及感染。

3）防护手套使用注意事项。防护手套的品种很多，使用中应根据其防护功能选用。首先应明确防护对象，然后再仔细选用，如耐酸（碱）手套有耐强酸（碱）的、有耐低浓度酸（碱）的，而耐低浓度酸（碱）的手套不能用于接触高浓度酸（碱）。切勿误用，以免发生意外。

防水、耐酸（碱）手套使用前应仔细检查，观察表面是否破损，简易的检查办法是向手套内吹口气，用手捏紧套口，观察是否漏气。漏气则不能使用。

手套的最佳保存环境温度为 10 ~ 21℃，不能挤压与折叠，不能直接暴露于太阳光中。

应定期检验绝缘手套电绝缘性能（包括未经使用储存的手套），检验周期应不超过 6 个月，不经检测或不符合规定的不能使用。

选用的手套尺寸要适当，如果手套太紧，则限制血液流通，容易造成疲劳，并且不舒适;如果太松，则使用不灵活，而且容易脱落。

当手套被弄脏时，应用肥皂水和水清洗，要彻底进行干燥后涂上滑石粉。如果有焦油或油漆这样的混合物黏附在手套上，应采用合适的溶剂擦去。

使用时手套变湿了或清洗之后要干燥，但是干燥温度不能超过 65℃。

摘取手套一定要采用正确的方法，防止将手套上沾染的有害物质沾到皮肤和衣服上，造成二次污染。

橡胶、塑料等类防护手套用后应冲洗干净、晾干，保存时避免高温，并在手套上撒上滑石粉以防粘连。

操作旋转机床时禁止戴手套作业。

（3）安全帽的作用和使用注意事项：

1）安全帽的防护作用。安全帽的主要作用是防止物体打击伤害。在生产中容易发生由于物体、工具等从高处坠落或抛出击中人员头部造成伤害等事故，佩戴安全帽可以防止物体打击等伤害事故的发生。

2）安全帽使用注意事项。使用前应检查安全帽的外观是否有裂纹、碰伤痕，是否凸凹不平、磨损，帽衬是否完整，帽衬的结构是否处于正常状态。

使用者不能随意在安全帽上拆卸或添加附件，不能私自在安全帽上打孔，不能随意碰撞安全帽，以免影响其原有的防护性能。

使用者不能随意调节帽衬的尺寸，这会直接影响安全帽的防护性能，落物冲击一旦发生，安全帽会因佩戴不牢脱出或因冲击后触顶直接伤害佩戴者。

使用者在佩戴时一定要将安全帽戴正、戴牢，不能晃动，要系紧下颏带，调节好后箍以防安全帽脱落。

经受过一次冲击或做过试验的安全帽应报废，不能再次使用。

安全帽不应储存在有酸碱、高温（50℃以上）、阳光直射、潮湿等处，避免重物挤压或尖物碰刺，以免其老化变质。帽衬由于汗水浸湿而容易损坏，可用冷水、温水（低于50℃）经常清洗，损坏后要立即更换。帽壳与帽衬，不可放在暖气片上烘烤，以防变形。

由于安全帽在使用过程中会逐步损坏，所以要定期进行检查，仔细检查有无龟裂、下凹、裂痕和磨损等情况。如存在影响其性能的明显缺陷，应及时报废，不要戴有缺陷的安全帽。

如果材料好，使用环境舒适，则安全帽使用3~5年很正常。如果帽壳采取了抗老化措施，如不含回料，添加抗老化剂，表面烤漆并配以锦纶帽衬，则寿命一般可达3年以上。用户在判断安全帽是否应报废时，主要依据以下三种情况：帽壳表面有严重的磕碰、划伤痕迹；插头损坏；衬带损坏。

（4）安全带的作用和使用注意事项：

1）安全带的作用。安全带的作用是预防作业人员从高处坠落，其由带子、绳子和金属配件组成。

2）安全带使用注意事项。使用者必须了解其工作场所内存在的坠落风险，根据自身的工作需要来选择合适的安全带。在使用安全带时，应检查安全带的部件是否完整、有无损伤，金属配件的各种环不得是焊接件，边缘应光滑，产品上应有安全鉴定证。

任何有坠落风险的场合必须选择坠落悬挂安全带，即带有腿带的全身式安全带。单独的腰带只能用于工作限位，不能用于任何有坠落风险的场合，否则一旦发生坠落，人体会失去平衡，产生碰撞伤害，同时坠落产生的冲击力全部集中在腰部，极可能发生脊椎断裂、内脏破裂等严重伤害。

配有安全绳的安全带，其安全绳长度不能超过2m，否则一旦

坠落，会带来导致使用者自由坠落距离过长，冲击力超出人体承受极限的巨大风险。悬挂安全带不得低挂高用，因为低挂高用在坠落时受到的冲击力大，对人体伤害也大。使用 3 m 以上长绳时，应考虑补充措施，如在绳上加缓冲器。

焊工高处作业时必选选择由阻燃材料制成的安全带，常规的安全带与焊渣、火花接触将导致破损，发生坠落时将不能起到保护作用。使用围杆安全带时，围杆绳上有保护套，不允许在地面上随意拖拽，以免损伤绳套，影响主绳。

架子工单腰带一般使用短绳较安全，如需用长绳，以选用双背带式安全带为宜。

使用安全绳时，不允许打结，以免发生坠落受冲击时将绳从打结处切断。

自锁钩或速差式自控器等。缓冲器、自锁钩和速差式自控器可以单独使用，也可联合使用。安全带使用 2 年后，应做一次试验，若不断裂则可继续使用。安全带使用期限一般为 3 ~ 5 年，发现异常应提前报废。

第四招
预防职业病　护品使用勤
——避免职业危害因素与职业病

一、职业危害因素与职业病

1. 职业危害因素

职业危害因素就是生产劳动过程中，存在于作业环境中的、危害劳动者健康的因素。按其来源可分为三类：

（1）生产过程中产生的有害因素。包括原料、半成品、产品、机械设备等产生的工业毒物、粉尘、噪声、振动、高温、辐射及污染性因素等。

（2）劳动组织中的有害因素。包括作业时间过长、作业强度过大、劳动制度不合理、长时间处于不良体位、个别器官或系统过度紧张、使用不合理的工具等。

（3）与卫生条件和卫生技术设施不良有关的有害因素。包括生产场所设计不符合卫生标准和要求，如露天作业的不良气候条件、厂房狭小、作业场所布局不合理、照明不良等；缺乏有效的卫生技术设施或设施不完备，以及个体防护存在缺陷等。

2. 职业病

（1）职业病的分类。职业病是指企业、事业单位和个体经济组织的劳动者在职业活动中，因接触粉尘、放射性物质和其他有毒、有害物质等因素而引起的疾病。各国法律都有对于职业病预防方面的规定，一般来说，凡是符合法律规定的疾病才能称为职业病。

2013 年 12 月 23 日，国家卫生计生委、人力资源社会保障部、安全监管总局、全国总工会 4 部门联合印发《职业病分类和目录》。该《分类和目录》将职业病分为 10 类 132 种，包括：

1）职业性尘肺病及其他呼吸系统疾病（如矽肺、煤工尘肺等19 种）；

2）职业性皮肤病（如接触性皮炎、电光性皮炎等 9 种）；

3）职业性眼病（如化学性眼部灼伤、白内障等 3 种）；

4）职业性耳鼻喉口腔疾病（如噪声聋、铬鼻病等 4 种）；

5）职业性化学中毒（如汞及其化合物中毒、氯气中毒等 60 种）；

6）物理因素所致职业病（如中暑、减压病等 7 种）；

7）职业性放射性疾病（如外照射急性放射病、内照射放射病等 11 种）；

8）职业性传染病（如炭疽、森林脑炎等 5 种）；

9）职业性肿瘤（如石棉所致肺癌、苯所致白血病等 11 种）；

10）其他职业病（如金属烟热、井下工人滑囊炎等 3 种）。

（2）从业人员在职业病防治方面的权利和义务

1）从业人员在职业病防治方面的主要权利有：

①从业人员有有权要求用人单位依法为其办理工伤保险。

②从业人员有有权要求用人单位为其提供符合国家职业卫生标准和卫生要求的工作环境和条件，提供符合要求职业病防治要求的个人防护用品，采取措施保障从业人员获得职业卫生保护。

③从业人员有权知晓工作过程中可能产生的职业病危害及其后果、职业病防护措施和待遇等。用人单位应在签订劳动合同或者工作岗位变更时如实告知从业人员，并在劳动合同中写明，不得隐瞒或者欺骗。用人单位违反规定的，从业人员有权拒绝从事存在职业病危害的作业，用人单位不得因此解除与其所订立的劳动合同。

④从业人员有权要求用人单位对其进行上岗前的职业卫生培训和在岗期间的定期职业卫生培训，普及职业卫生知识，指导正确使用职业病防护设备及个人用品。

⑤对从事接触职业病危害的从业人员，有权要求用人单位按规定组织其进行上岗前、在岗期间和离岗时的职业健康检查，并书面告知检查结果。职业健康检查费用由用人单位承担。用人单位不得安排未经上岗前职业健康检查的从业人员从事接触职业病危害的作业；不得安排有职业禁忌的从业人员从事其所禁忌的作业；对在职业健康检查中发现有与所从事的职业相关的健康损害的从业人员，应当调离原工作岗位，并妥善安置；对未进行离岗前职业健康检查的从业人员不得解除或者终止与其订立的劳动合同。

⑥从业人员有权要求用人单位为其建立职业健康监护档案，

并按照规定的期限妥善保存。职业健康监护档案应当包括从业人员的职业史、职业病危害接触史、职业健康检查结果和职业病诊疗等有关个人健康资料。从业人员离开用人单位时，有权索取本人职业健康监护档案复印件，用人单位应当如实、无偿提供，并在所提供的复印件上签章。

⑦从业人员依法享受国家规定的职业病待遇。职业病病人的诊疗、康复费用，伤残以及丧失劳动能力的职业病病人的社会保障，按照国家有关工伤保险的规定执行。职业病病人除依法享有工伤保险外，依照有关民事法律，尚有获得赔偿的权利的，有权向用人单位提出赔偿要求。

2）从业人员在职业病防治方面的主要义务有：学习和掌握相关的职业卫生知识，增强职业病防范意识，遵守职业病防治法律、法规、规章和操作规程，正确使用、维护职业病防护设备和个人使用的职业病防护用品，发现职业病危害事故隐患应当及时报告。

二、职业中毒及其预防

1. 生产性毒物进入人体的途径

生产性毒物主要是经呼吸道和皮肤进入人体。

呼吸道由鼻咽部、气管支气管和肺部组成，气体（如氯、氨、一氧化碳、甲烷等）、蒸气（如苯蒸气等）和气溶胶（如农药雾滴、电焊烟尘等）形态的毒物可经呼吸道进入人体。呼吸道是毒物进入人体最常见最重要的途径。

皮肤是人体的最大器官，包括毛发、指（趾）甲等。毒物可以通过不同方式经皮肤吸收，引起局部的损害或全身性中毒症状。

2. 职业中毒的类型

职业病按其发病的快慢一般分为急性职业中毒和慢性职业中毒两种类型。

急性职业中毒指人体在短时间内受到较高浓度的生产性有害因素的作用，而迅速发生的疾病。具有起病急、变化快、病情重等特点。急性职业中毒以化学物质中毒最为常见，主要由于违反操作规程或意外事故所引起。

慢性职业中毒是作业人员在生产环境中，长期受到一定浓度（超过国家规定的最高允许浓度标准）的生产性有害因素的作用，经过数月、数年或更长时间缓慢发病。相对于急性职业中毒而言，慢性职业中毒具有潜伏期长、病变进展缓慢、早期临床症状较轻等特点。

3. 常见的职业中毒

（1）铅作业及铅中毒。铅冶炼对人体产生的危害最大，熔铅、铸铅及修理蓄电池都可接触铅。由于铅化合物多具有特殊颜色，常用于油漆工业；在砂磨、刮铲、焊接、熔割时可产生铅烟、铅尘。此外，陶瓷、玻璃、塑料等工业生产中也会接触铅烟、铅尘。铅中毒可引起肝、脑、肾等器官发生病变。因接触的剂量不同，可出现急性中毒或慢性中毒症状。

（2）苯作业及苯中毒。生产中接触苯的作业主要有：喷漆、印刷、制鞋、橡胶加工、香料等。苯及其化合物是以粉尘、蒸气的形态存在于空气中，可经呼吸道和皮肤吸收。特别是夏季，皮肤出汗、充血，更能促进毒物的吸收。急性苯中毒主要损害中枢神经系统，一些中毒者还可发生化学性肺炎、肺水肿及肝肾损害，慢性苯中毒主要损害造血系统及中枢神经系统。

（3）窒息性气体中毒。窒息性气体的主要致病原因是机体缺氧，急性缺氧可引起头痛、情绪改变，严重的可导致脑细胞坏死及脑水肿。常见的窒息性气体中毒有：

1）一氧化碳中毒。发生在煤、油料燃烧不充分时以及煤气制造、金属冶炼等作业场所。轻度中毒者出现剧烈头痛、头晕、心悸、恶心呕吐、乏力等症状。重度中毒者表现为无意识、昏迷，甚至呼吸衰竭，伴有脑水肿、严重心肌损害。

2）硫化氢中毒。多发生在石油开采和炼制、化纤及造纸生产中，在清理粪池、下水道、垃圾时，也可发生硫化氢中毒。轻度中毒症状为眼及上呼吸道刺激症状。接触高浓度的硫化氢可立即昏迷、死亡，称为"闪电型"死亡。

3）二氧化碳中毒。多发生于汽水、啤酒制造作业中，不通风的发酵池、地窖、粮仓等处会产生大量二氧化碳。常为急性中毒，几秒钟内即迅速昏迷，若不能及时救出可致死亡。

4. 职业中毒的预防

职业中毒是一种人为的疾病，采取合理有效的措施，可使接触毒物的作业人员避免中毒。

首先，根除毒物或降低毒物浓度，如用无毒或低毒物质代替有毒或剧毒物质。但不是所有毒物都能找到无毒、低毒的代替物。因此，在生产过程中控制毒物浓度的措施很重要，如采取密闭生产和局部通风排毒的方法，减少接触毒物的机会；合理布局工序，将有害物质发生源布置在下风侧。

其次，做好个体防护，这是重要的辅助措施。个体防护用品包括防护帽、防护眼镜、防护面罩、防护服、呼吸防护器、皮肤

防护用品等。毒物进入人体的门户，除呼吸道、皮肤外，还有口腔。因此，作业人员不得在作业现场内吃东西、吸烟，班后洗澡，不得将工作服穿回家。

三、粉尘的危害及尘肺的预防

1. 生产性粉尘的来源

生产性粉尘是指在生产中形成的，并能长时间飘浮在作业场所空气中的固体颗粒。生产性粉尘的来源非常之广。矿山开采、爆破，冶金工业中金属或矿石的切削、研磨，机械制造工业中的原料破碎、清砂，玻璃、水泥、陶瓷等工业的原料加工，等等。这些工艺操作中主要产生无机性粉尘，包括矿物性粉尘（如石英、滑石、煤等）、金属性粉尘（如铅、锰、铁等）和人工无机性粉尘（如水泥、玻璃纤维等）。在皮毛、纺织、化学等工业的原料处理过程中，会产生有机粉尘，包括动物性粉尘（如皮毛、骨粉等）、植物性粉尘（如棉、麻、面粉、木材等）和人工有机性粉尘（如炸药、人造纤维等）。

在生产环境中，单一粉尘存在的情况较少，大多数情况下两种以上粉尘混合存在。

2. 粉尘引起的职业病

生产性粉尘根据其理化特性和作用特点不同，可引起不同的疾病。

（1）呼吸系统疾病。长期吸入不同种类的粉尘可导致不同类型的尘肺病或其他肺部疾患。我国按病因将肺尘埃沉着病（尘肺病）分为12种，并作为法定尘肺列入职业病名单目录，它们是：矽肺、煤工尘肺、石墨肺、炭黑尘肺、石棉肺、滑石尘肺、水泥尘肺、云母尘肺、陶工尘肺、铝尘肺、电焊工尘肺、铸工尘肺。

（2）中毒。吸入铅、锰、砷等粉尘，可导致全身性中毒。

（3）呼吸系统肿瘤。石棉、放射性矿物、镍、铬等粉尘均可导致肺部肿瘤。

（4）局部刺激性疾病。如金属磨料可引起角膜损伤、浑浊，沥青粉尘可引起光感性皮炎等。

3. 预防肺尘埃沉着病（尘肺病）的措施

消除或降低粉尘是预防尘肺病最根本的措施。通过革新生产设备、实现自动化作业，避免操作人员接触粉尘；采用湿式作业，可在很大程度上防止粉尘飞扬，降低作业场所粉尘浓度；对不能采用湿式作业的场所，应采用密闭抽风除尘方法。

作业中接触粉尘的人员，在作业现场防尘、降尘措施难以使粉尘浓度降至符合作业场所卫生标准的条件下，一定要戴防尘护具。防尘效果较好的有防尘安全帽、送风口罩等，适用于粉尘浓度高的环境；在粉尘浓度较低的环境中，佩戴防尘口罩有一定的预防作用。

四、防止噪声与振动对人体健康的损害

1. 噪声与振动对人体的危害

（1）噪声。生产过程中，由于机器转动、气体排放、工件撞击与摩擦所产生的声音，其频率和强度没有规律，听起来使人感到厌烦，称为生产性噪声或工业噪声。使用各种风动机械的操作人员、纺织工、拖拉机驾驶员等都是在强烈噪声的环境中作业。

噪声对人体的影响是多方面的。首先是对听觉器官的损害，长时间接触一定强度的噪声，会引起听力下降和噪声性耳聋；此外对神经系统、心血管系统及全身其他器官也有不同程度的影响，可出现头痛、头晕、睡眠障碍等病症，长期接触较强的噪声可引起血压持续升高，还可出现胃肠功能紊乱，胃蠕动减慢等变化。

从安全方面来看，在噪声的干扰下，人们会感到烦躁、注意力不集中、反应迟钝，不仅影响工作效率，而且降低了对事故隐患的判断处理能力。在车间或矿井等作业场所，由于噪声的影响，

掩盖了异常信号或声音，容易发生伤亡事故。

（2）振动。生产过程中，生产设备、工具产生的振动称为生产性振动。产生振动的机械设备主要有锻造机、冲压机、压缩机、振动筛、打夯机、振动送风带等。而在生产中，作业人员接触较多、危害较大的振动是振动性工具产生的振动，长时间使用这些工具会造成手臂振动，目前国家已将局部振动病列为法定职业病。

造成手臂振动的生产作业主要有：锤打作业，如打桩工、捣固工、铆钉工等；手持转动工具作业，如风钻、电锯、电钻、喷砂机等；驾驶运输与农业机械，如收割机、脱粒机、拖拉机等。

长期受外界振动的影响可引起振动病。按振动对人体作用方式不同，分为全身振动和局部振动。强烈的全身振动，可使交感神经处于紧张状态，出现血压升高、心率加快、胃肠不适等症状。全身振动引起的这些功能性改变，在脱离振动环境和休息后，症状多能自行消除。局部振动病或称手臂振动病，是由于长期接触过量的局部振动，引起手部末梢循环或手臂神经功能障碍。该病的典型表现是手指发白（白指症），并伴有麻、胀、痛的感觉，手心多汗。

2. 防止噪声与振动的措施

为防止噪声、振动对身体的危害，应从以下三个方面入手：

首先，消除或降低噪声、振动源。采用无声或低声设备代替发出强噪声的设备，如以焊接代替铆接、锤击成型改为液压成型等；机械设备应装在橡皮、软木上，避免与地板直接接触；工具的金属部件改用塑料或橡胶，以减弱因撞击而产生的噪声和振动。

其次，控制噪声、振动的传播。如吸声、隔声、隔振、阻尼。

最后，做好个人防护。如果作业场所的噪声、振动暂时不能得到有效控制，则加强个人防护是避免遭受危害的有效措施。如在高噪声环境中作业时，佩戴耳塞就是最便捷的防护方法，必要时应佩戴耳罩、帽盔；为防止振动病，作业场所要注意防寒保暖，振动性工具的手柄温度如能保持在40℃，对预防振动性白指有较好的效果；合理使用个人防护用品，特别是防振手套、减振座椅等。

五、对电磁辐射的防护

1. 非电离辐射

非电离辐射是指紫外线、红外线、激光和射频辐射。

（1）射频辐射对健康的影响。接触射频辐射的作业有：金属的热处理、表面淬火、金属熔炼等，无屏蔽的高频输出变压器是一个主要辐射源；食品、皮革、茶叶等用微波加热炉进行热处理，操作人员有可能接触微波辐射。

生产过程中，通常为低强度慢性辐射，对神经系统、眼及心血管系统有一定的影响，可引起中枢神经和植物神经功能紊乱；长期接触高强度微波的工人，可加速眼晶状体老化过程，引起视网膜病变；对心血管系统的影响主要是造成心动过缓、血压下降等。

（2）红外线辐射对健康的影响。自然界的红外线辐射源以太阳为最强，基建工地、搬运等露天作业，夏季红外线辐射强度很大；生产中接触红外线辐射源的作业有金属加热、熔融玻璃等，炼钢工、轧钢工、铸造工、玻璃熔吹工、烧瓷工等可受到红外线辐射。

红外线对人体的影响主要是眼睛和皮肤。长期受炉火或加热红外线辐射，可引起白内障。白内障造成视力下降，一般两眼同时发生。职业性白内障已列入职业病名单，如玻璃工的白内障，多发生在工龄较长的工人中。皮肤受红外线长期照射，局部可出现色素沉着。

（3）激光对健康的影响。激光也是电磁波，目前，使用的各种激光属于非电离辐射。激光被广泛应用主要是它具有辐射能量集中的特点，生产中主要用于金属和塑料部件的切割、打孔、微焊等。

激光对健康的影响主要是它的热效应和光化学效应造成的机械性损伤。眼部受激光照射后，可突然出现眩光感，视力模糊，

或眼前出现固定黑影，甚至视觉丧失。激光还可对皮肤造成损伤，轻度损伤表现为红斑反应和色素沉着，照射剂量大时，可出现水疱，皮肤溃疡。

2. 电离辐射及其引起的职业病

凡能直接或间接引起物质电离的辐射，称为电离辐射。其中 α、β 等带电粒子能直接引起物质电离，称为直接电离辐射；γ 光子、中子等非带电粒子，不能直接使物质电离，称为非直接电离辐射。随着核工业的发展，核原料的勘探、开采、冶炼，核燃料及反应堆的生产、使用，放射性核元素在工业、农业、医学诊断中的应用，接触电离辐射的人员也日益增多。

电离辐射引起的职业病称为放射病，有急性放射病和慢性放射病两种。急性放射病是短期内一次或多次受到大剂量照射而引起的全身病变，多见于核能和放射装置应用中的意外事故或由于防护条件差所致职业性损伤，主要引起骨髓等造血系统损伤，也有发生肠麻痹、肠梗阻的情况；慢性放射病是长时期内受到超限值剂量照射所引起的全身性损伤，多发生于防护条件不佳的外照射工作场所，一般出现头痛、疲乏无力、记忆力下降，伴有消化系统障碍。

除全身性放射病外，电离辐射还可造成局部的放射性皮炎和放射性白内障。

3. 电磁辐射的防护

（1）非电离辐射的防护。由于电磁场辐射源所产生的场能随距离的增大而减弱，所以在不影响操作的前提下尽量远离辐射源；避免在辐射流的正前方作业，可有效防止微波辐射。为防止辐射线直接作用于人体，合理地使用防护用品是十分重要的。穿戴金属防护服可防止射频辐射，穿戴微波屏蔽服、红外线防护服、防护帽、防护眼镜等可防止微波、红外线辐射。激光和红外线防护的重点是对眼睛的保护，除佩戴防护眼镜外，还要定期检查眼睛。

（2）电离辐射的防护。作业人员要熟悉操作程序和安全操作规程，工作前应认真做好各项准备，如熟悉所用辐射性核元素的放射强度；工作结束后应及时清理用具，清除放射性污染物；在离开作业场所时应洗手或沐浴。正确使用防护用品，如穿戴工作服、防护镜、口罩、面盾等。在放射性工作场所内严禁饮食、喝水、抽烟和存放食品。

第三计
安全管理讲科学
平安生产创佳绩
——学习现代企业安全管理知识

安全管理是企业管理的一个组成部分，是以安全为目的，进行有关决策、计划、组织和控制方面的活动。安全管理的目的是通过管理的手段，实现控制事故、消除隐患、减少损失的目的，使整个企业达到最佳的安全水平，为职工创造一个安全舒适的工作环境。安全管理的主要内容是为贯彻执行国家安全生产的方针、政策、法律和法规，确保生产过程中的安全而采取的一系列组织措施。安全管理的任务是发现、分析和消除生产过程中的各种危险，防止发生事故和职业病，避免各种损失，保障员工的安全健康，从而推动企业生产的顺利发展，为提高经济效益和社会效益服务。

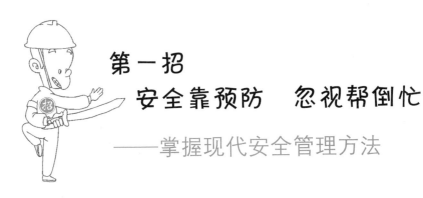

第一招
安全靠预防　忽视帮倒忙
——掌握现代安全管理方法

一、现代安全管理原理

1. 预防原理

安全管理工作应当以预防为主，即通过有效的管理和技术手段，防止人的不安全行为和物的不安全状态出现，从而使事故发生的概率降到最低，这就是预防原理。

预防和善后是安全管理的两种工作方法。预防是在有可能发生意外人身伤害或健康损害的场合，采取事前的措施，防止伤害的发生。善后是针对事故发生以后所采取的措施和进行的处理工作。显然，预防的工作方法是主动的、积极的，是安全管理应该采取的主要方法。

安全管理以预防为主，其基本出发点源自生产过程中的事故是能够预防的观点。除了自然灾害以外，凡是由于人类自身的活动而造成的危害，总有其产生的因果关系，探索事故的原因，采取有效的对策，原则上说能够预防事故的发生。

2. 强制原理

采取强制管理的手段控制人的意愿和行动，使个人的活动、行为等受到安全管理要求的约束，从而实现有效的安全管理，这就是强制原理。一般来说，管理均带有一定的强制性。管理是管理者对被管理者施加作用和影响，并要求被管理者服从其意志，满足其要

求，完成其规定的任务。不强制便不能有效地抑制被管理者的无拘个性，不能将其调动到符合整体管理利益和目的的轨道上来。

安全管理需要强制性是由事故损失的偶然性、人的"冒险"心理以及事故损失的不可挽回性所决定的。安全强制性管理的实现，离不开严格合理的法律、法规、标准和各级规章制度，这些法规、制度构成了安全行为的规范。同时，还要有强有力的管理和监督体系，以保证被管理者始终按照行为规范进行活动，一旦其行为超出规范的约束，就要有严厉的惩处措施。

二、现代安全管理方法

现代安全管理是采取系统工程的原理和方法，识别、分析和评价系统中的危险性，并根据其结果调整工艺、设备、操作、管理、生产周期和投资费用等因素，使系统所存在的危险因素能得到消除或控制，使事故的发生减少到最低限度，从而达到最佳安全状态。它的最终目的是消除危险，防止灾害，避免损失，保证人身财产安全。

1. 安全检查表（SCL）

（1）安全检查表的定义。制定安全检查表（Safety Check List，简称 SCL）来检查安全是安全管理的一项基础性工作。为了系统地发现工厂、车间、工序或机器、设备、装置以及各种操作管理和组织措施中的不安全因素，事先把检查对象加以剖析，把大系统分割成小的系统，查出不安全因素所在，然后确定检查项目，以提问的方式，将检查项目按系统或子系统顺序编制成表，以便进行检查和避免漏检，这种表就叫安全检查表。

安全检查表克服了传统安全检查的缺陷，是发现事故隐患、防止事故发生的有效手段。使用安全检查表能够大大地提高检查质量，避免检查时出现规定不明确、缺乏计划性和漏检等弊端。由于安全检查表是在集中了以往工作中的经验和教训的基础上，经过事先的周密研究和考虑，再经过编制人员的详细推敲，以系统的观点，按系统的顺序编制出的安全检查提纲，因而它的使用，对于安全检查工作不仅可起到指导和备忘录的作用，而且会使安全检查工作更为系统、全面和准确。

（2）常用的安全检查表。由于安全检查的目的和对象不同，检查的着眼点也不相同，因而需要编制出多种类型的安全检查表。常用的安全检查表有：

1）工段及岗位安全检查表。供工段及岗位进行自查、互查或进行安全教育时使用，主要集中在防止人身及误操作引起的事故方面。

2）专业性安全检查表。该表主要用于专业性的安全检查或特定设备的安全检查。如对电气、运输、提升、通风、排水等设备，爆破工作，压力容器等的专业性安全检查。

安全检查表具有全面性、系统性、标准化、规范化，给人的印象深刻，可以和生产责任制相结合等优点，是系统安全分析的基本方法，任何推行系统安全工程的单位都首先要应用安全检查表。

2. 预先危险性分析（PHA）

（1）预先危险性分析的定义和目的。预先危险性分析（Preliminary Hazard Analysis，简称PHA），又称为初步危险分析、初步危害分析，是指在每一项工程活动之前，包括设计、施工和生产之前，首先对系统存在的危险性类别、出现条件、导致的后果做一概略的分析。

预先危险性分析的目的是尽量防止采用不安全的技术路线，使用危险性的物质、工艺和设备。它的特点是把分析做在行动之前，避免由于考虑不周而造成的损失。预先危险性分析的重点应放在系统的主要危险源上，并提出控制这些危险源的措施。通过预先危险性分析，可以有效地避免不必要的设计变更，比较经济地确保系统的安全性。

（2）预先危险性分析的步骤：

1）调查、确定危险源。调查、了解和收集过去的经验和同类生产中发生过的事故情况。确定危险源，并分类制成表格。危险源的确定可通过经验判断、技术判断或安全检查表等方法进行。

2）识别危险转化条件。研究危险因素转变为危险状态的触发条件和危险状态转变为事故的必要条件。

3）进行危险分级。危险分级的目的是确定危险程度，提出应重点控制的危险源。危险等级分为以下四个级别：①Ⅰ级：可忽视的。它不会造成人员伤害和系统损坏。②Ⅱ级：临界的。它能降低系统的性能或损坏设备，但不会造成人员伤害，能采取措施消除和控制危险的发生。③Ⅲ级：危险的。它能造成人员伤害和主要系统的损坏。④Ⅳ级：灾难性的。它能造成人员死亡、重伤以及系统严重损坏。

4）制定危险预防措施。从人、物、环境和管理等方面采取措施，防止事故发生。

3. 因果分析法

（1）因果分析法的定义。因果分析法也叫鱼刺图分析法，是把系统中产生事故的原因及其结果所构成的因果关系，采用简明文字和线条加以全面表示的方法。用于表述事故发生原因与结果的错综复杂关系的图形称为因果分析图，因其形状像鱼刺，所以也叫鱼刺图。

因果分析图从人、物、环境和管理四个方面查找影响事故的因素，每一个方面作为一个分支，然后逐次向下分析，找出直接原因、间接原因和基本原因，依次用大、中、小箭头标出。

因果分析法由于具有主次原因分明，逻辑关系清楚，事故全貌一目了然，容易掌握等特点，因而得到了广泛的应用。

（2）因果分析图的绘制。绘制因果分析图一般按如下步骤进行：

1）确定要分析的某个特定问题或事故，写在图的右边，画出主干，箭头指向右端；

2）确定造成事故的因素分类项目，如安全管理、操作者、操作对象、环境等，画出大枝；

3）对上述项目继续分析，用中枝表示对应项目的原因，一个原因画出一个枝，文字记在中枝线的上下；

　　4）将上述原因层层展开，一直到不能再分为止；

　　5）确定因果分析图中的主要原因，并标上符号，作为重点控制对象；

　　6）注明因果分析图的名称。

　　4. 事件树分析（ETA）

　　（1）事件树分析的定义。事件树分析（Event Tree Analysis，ETA）是安全系统工程的重要分析方法之一，它从某一初因事件起，顺序分析各环节事件成功或失败的发展变化过程，并预测各种可能结果的分析方法，即时序逻辑分析方法。其中，初因事件是指在一定条件下能造成事故后果的最初的原因事件；环节事件是指出现在初因事件后一系列造成事故后果的其他原因事件。各种可能结果在事件树分析中称为结果事件。

　　（2）事件树分析的应用。任何事故都是一个多环节事件发展变化过程的结果，因此事件树分析也称为事故过程分析。其实质是利用逻辑思维的规律和形式，分析事故的起因、发展和结果的整个过程。事件树分析是以人、物和环境的综合系统为对象，分析各事件成功与失败的两种情况，从而预测各种可能的结果。

　　一起伤亡事故总是由许多事件按着时间的顺序相继发生和演变而成的，后一事件的发生是以前一事件为前提。瞬间造成的事故后果，往往是多环节事件连续失效而酿成的。所以，用事件树分析法宏观地分析事故的发展过程，对掌握事故规律，控制事故的发生是非常有益的。事件树分析适用于多环节事件或多重保护系统的危险性分析，应用十分广泛。

　　5. 事故树分析（FTA）

　　（1）事故树分析的定义。事故树分析（Fault Tree Analysis，FTA）又称故障树分析，是安全系统工程最重要的分析方法。1961年，美国贝尔电话研究所的沃特森（Watson）在研究民兵式导弹反射控制系统的安全性评价时，首先提出了这个方法。1974年，美国原子能委员会应用FTA对商用核电站的灾害危险性进行评价，发表了拉斯姆森报告，引起世界各国的关注。此后，FTA从军工迅速推广到机械、电子、交通、化工、冶金等民用工业。

事故树是从结果到原因描绘事故发生的有向逻辑树。它形似倒立着的树，树中的节点具有逻辑判别性质。树的"根部"顶点节点表示系统的某一个事故，树的"梢"底部节点表示事故发生的基本原因，树的"树杈"中间节点表示由基本原因促成的事故结果，又是系统事故的中间原因。事故因果关系的不同性质用不同逻辑门表示。这样画成的一个"树"用来描述某种事故发生的因果关系，称之为事故树。

事故树分析逻辑性强，灵活性高，适应范围广，既能找到引起事故的直接原因，又能揭示事故发生的潜在原因；既可定性分析，又可定量分析。事故树分析可用来分析事故特别是重大恶性事故的因果关系。

（2）事故树分析的步骤：

1）编制事故树。编制步骤包括：①确定所分析的系统，即确定系统所包括的内容及其边界范围。②熟悉所分析的系统，是指熟悉系统的整体情况，必要时根据系统的工艺、操作的内容画出工艺流程图及布置图。③调查系统发生的各类事故，收集、调查所分析系统过去、现在以及将来可能发生的事故，同时还要收集、调查本单位与外单位、国内与国外同类系统曾发生的所有事故。④确定事故树的顶上事件，即所要分析的对象事件。⑤调查与顶上事件有关的所有原因事件，从人、机、环境和管理各方面调查与事故树顶上事件有关的所有事故原因。这些原因事件包括：机械设备的元件故障；原材料、能源供应、半成品、工具等的缺陷；生产管理、指挥、操作上的失误与错误；影响顶上事件发生的环境不良等。⑥事故树作图，就是按照演绎分析的原则，从顶上事件起，一级一级往下分析各自的直接原因事件，根据彼此间的逻辑关系，用逻辑门连接上下层事件，直至所要求的分析深度，最后就形成一株倒置的逻辑树形图。

2）事故树定性分析。定性分析是事故树分析的核心内容。其目的是分析某类事故的发生规律及特点，找出控制该事故的可行方案，并从事故树结构上分析各基本原因事件的重要程度，以便按轻重缓急分别采取对策。事故树定性分析的主要内容有：利用布尔代数化简事故树；求取事故树的最小割集或最小径集；计算各基本事件的结构重要度；定性分析结论。根据分析结论并结合本企业的实际情况，订出具体、切实可行的预防措施。

3）事故树定量分析。事故树定量分析是用数据来表示系统的安全状况。其内容包括：确定引起事故发生的各基本原因事件的发生概率；计算事故树顶上事件发生概率，并将计算结果与通过统计分析得出的事故发生概率进行比较；如果两者不符，则必须重新考虑编制事故树图是否正确以及各基本原因事件的故障率、失误率是否估计得过高或过低等；计算基本原因事件的概率重要度和临界重要度。

事故树分析程序包括了定性和定量分析两大类。从实际应用而言，由于我国目前尚缺乏设备的故障率和人的失误率的实际资料，故给定量分析带来很大困难。所以在事故树分析中，多进行定性分析。但实际证明，定性分析也能取得良好的效果。本书仅介绍事故树定性分析。

（3）事故树的编制。事故树分析法采用了由原因到结果的逆过程分析，即先确定事故的结果，称为顶上事件或目标事件，画在最顶端；然后再找出它的直接原因或构成它的缺陷事件，诸如设备的缺陷和操作者的失误等，这是第一层。再进一步找出造成第一层事件的原因，成为第二层。按照这样一层一层地分析下去，直到找到最基本原因事件为止。每层之间用逻辑符号连接以说明它们之间的关系。整个分析过程类似一株倒挂树形，其末梢就是构成事故的基本原因，所以称为事故树。

第二招
目标定明确 实施要坚决
——进行安全目标管理

目标管理就是根据目标进行管理，即围绕确定目标和实现目标开展一系列的管理活动。安全目标管理是目标管理方法在安全工作中的应用，它是以企业一定时期内确定的安全生产总目标为基础，逐级向下分解展开，落实措施，严格考核，通过组织内部自我控制达到安全生产目标的一种安全管理方法。

安全目标管理的基本内容包括安全目标体系的设定、安全目标的实施、安全目标的考核与评价。

一、安全目标体系的设定

安全目标体系的设定是安全目标管理的核心，目标设立是否恰当直接关系到安全管理的成效。目标设立过高，经努力也不可能达到，会伤害职工的积极性；目标设立过低，不用努力就能达到，则调动不了职工积极性和创造性。

1. 安全目标设定的依据和原则

安全目标的设定主要依据党和国家的安全生产方针政策，本企业安全生产的中长期规划，工伤事故和职业病统计数据，企业安全工作的现状，企业的经济技术条件，等等。在制定安全目标时应遵循的原则有：突出重点、先进性、可行性、全面性、灵活性、尽可能数量化、目标与措施要对应等。

2. 安全目标设定的内容

安全目标设定的内容包括安全目标和保证措施两部分。安全目标是企业全体职工在计划期内完成的劳动安全卫生的工作成果，一般包括重大事故次数、死亡人数、伤害频率或伤害严重率、事故造成的经济损失、作业点尘毒达标率、全员安全教育率等。

保证措施包括安全教育措施、安全检查措施、危险因素的控制和整改、安全评比、安全控制点的管理等。

3. 安全目标的分解

企业的总目标设定以后，必须按层次逐级进行目标的分解落实，将总目标从上到下层层展开，将纵向、横向或时序上分解到各级、各部门直到每个人，形成自下而上层层保证的目标体系。

安全目标的纵向分解是指将总目标自上而下逐级分解为每个管理层次直至每个人的分目标。安全目标的横向分解是指将目标在同一层次上分解为不同部门的分目标。按时间顺序分解总目标是将总目标按时间顺序分解各个时期的分目标。在实际应用中，一个企业的安全总目标既要横向分解到各个职能部门，又要纵向分解到班组和个人，还要在不同年度、不同季度有各自的分目标。

二、安全目标的实施

安全目标的实施是指落实保障措施，促使安全目标实现的过程中所进行的管理活动。主要工作是各级目标责任者充分发挥主观能动性和创造性，实行自我控制和自我管理，辅之以上级的控制与协调。

目标实施中的控制是指管理人员为保证实际做与计划相一致而采取的管理活动。控制要以实现既定目标为目的，在不违背企业工作重点的前提下，不强调目标责任者对目标实施过程采取相同的方式。控制可分为自我控制、逐级控制、关键点控制三种方式。

目标实施中的协调是目标实施过程中的重要工作，可分为指导型协调、自愿型协调、促进型协调三种不同的方式。总目标的实现需要各部门、各级人员的共同努力、协调配合，通过有效的协调可以消除实施过程中各阶段、各部门之间的矛盾，保证目标按计划顺利实施。

三、安全目标的考核与评价

为了提高安全目标管理的效能，目标在实施过程中和完成后都要进行考核、评价，并对有关人员进行奖励或惩罚。考核是评价的前提，是有效实现目标的重要手段。目标考评是领导和群众依据考核标准对目标的实施成果客观的测量过程，能调动职工参与安全管理的积极性，推动安全工作的开展。

安全目标的考评应遵循的原则有：①考评要公开、公正；②以目标成果为考评依据；③考评标准要简化、优化；④实行逐级考评。

安全目标考评的内容包括目标的完成情况和协作情况等。

第三招
行为差异大　规范靠大家
——掌握安全行为管理

一、安全行为的影响因素

人的行为具有计划性、目的性和可塑性，因此每个人安全行为是有差异的、复杂的、动态的。要有效地预防、抑制和消除不安全的行为，并鼓励安全行为，仅仅了解和掌握人的行为规律是不够的，还必须对影响安全行为的诸多因素进行分析。影响人安全行为的主要因素有以下几类：

1. 个性心理因素

（1）情绪对人的安全行为的影响。情绪是每个人固有的、受客观事物影响的一种外在表现，这种表现是体验又是反应，是冲动又是行为。当情绪处于兴奋状态时，人的思维、反应比较灵敏；当情绪处于抑制状态时，则人的思维和反应就比较迟缓。从安全的角度来看，当不同的情绪出现或当情绪处于不同的状态时，人们的安全行为表现是不同的。

（2）气质对人的安全行为的影响。气质是人的个性的重要组成部分，是一个人所具有的典型的、稳定的心理特征。气质不同的人，具有不同的安全行为。如多血气质的人，敏捷、情绪变化快，他们安全意识较强，但有时不稳定；胆汁气质的人，易于激动、暴躁，安全意识较前者差；黏液气质的人，工作中能坚持不懈，但环境变化的适应能力差；抑郁气质的人，工作中能表现出坚持精神，但动作反应慢。

（3）性格对人的安全行为的影响。性格是每个人所具有的最主要、最显著的心理特征，是人在长期生活过程中形成的对现实的稳定态度和习惯化了的行为方式，它表现在人的活动目的上，也表现在达到目的的行为方式上。理智型性格的人，用理智来支配行动；情绪型性格的人，情绪体验深刻，安全行为受情绪影响大；意志型性格的人，有明确的目标，安全责任心强。

2. 社会心理因素

（1）社会知觉对人的安全行为的影响。社会知觉是指人们在一定社会环境中对他人的知觉。社会知觉的最终目的是要通过对别人所形成的正确印象，从而洞察他人。安全问题的预防和解决在很大程度上依赖人们之间知觉的正确性，即依赖良好的人际环境。

（2）价值观对人的安全行为的影响。在现实生活中，每个人的心目中都存在一系列的价值评价标准，并依据这些标准对周围的事物进行评价。所持的价值标准不同，或者价值标准的轻重主次顺序不同，不仅对事物做出的价值判断不同，而且也影响和决定着人们的行为。如不同的人对安全价值的认识不同，其对安全的重视程度以及做出的消除事故隐患，或预防事故的努力往往也是不同的。

（3）角色对人的安全行为的影响。在生产经营活动中，每个人都扮演着不同的角色，每一个角色都有一套行为规范。人们只有按照自己所扮演的角色的行为规范行事，生产活动才能有条不紊地进行。在安全管理中，需要发挥这种角色规范的作用。

3. 环境、物的状况对人的安全行为的影响

环境变化会刺激人的心理，影响人的情绪，甚至打乱人的正常行动；物的运行失常或布置不当，会影响人的识别和操作，造成混乱和差错，打乱人的正常活动。也就是会出现这样的模式：环境差→影响人的操作→扰乱人的行动→产生不安全行为；反之，环境好、物的设置恰当或者运行正常，能调节人的心理，激发人的有利情绪。因此，要保障人的安全，必须创造良好的环境，使人、物、环境得以协调。

二、不安全行为分析

1. 不安全行为的概念

不安全行为包括两个含义，一是指易于肇发事故的行为，二是指在事故过程中扩大事故损失的行为。我们可以从不同角度对不安全行为加以理解。首先，安全行为是个相对概念，是指事故发生概率很低和使事故损失很低的行为特征，反之，则为不安全行为。其次，从行为与环境的关系方面分析，同样一种行为（如酒后），在某种环境中（如休息）就是安全行为，在另一种环境中（如开车）就是不安全行为。这样，按行为与环境的关系，可以将不安全行为定义为：在某个特定的时空环境中，行为者能力低于系统对行为者能力要求时的行为特征，表现为行为的功能没有满足系统对行为者的要求。从这个角度看，安全行为与不安全行为则是相对于行为环境对行为者要求而言的一个相对的概念。最后，从发展的角度看，安全行为是人们在大量生产实践中，从事故发生和损失扩大的教训中不断总结出来的行为规律，并用这种认识制定安全操作规程和劳动安全纪律。随着人们对生产技术的不断

提高，对事故规律的不断研究，将不断完善这种认识，并不断完善安全操作规程和劳动安全纪律。

2. 不安全行为的类型

不安全行为按其产生的根源可以分为：有意识不安全行为（简称有意不安全行为）和无意识不安全行为（简称无意不安全行为）两大类。

（1）有意识不安全行为。意识是人心理活动的最高形式，人的行为的自觉性、目的性，以及评价、调节和自我控制能力等都具有意识的基本特征。有意识不安全行为是指行为者为追求行为后果价值，在对行为的性质及行为风险具有一定认识的思想基础上，表现出来的不安全行为，也就是说有意识不安全行为是在有意识的冒险动机支配之下产生的行为。

生产作业中人的行为动机是由三个因素构成的：一是行为者对行为后果价值的追求强度。二是行为者对自己行为能力的估计。两者综合比较的结果称为行为风险估量。三是个人及群体影响因素，包括个人的安全文化素质及企业安全文化氛围，这两个方面对行为动机的作用力称为安全文化强度，它的强弱将影响人的不安全行为动机。

因此，可看出，有意识不安全行为动机是两个方面原因共同作用的产物：一是对行为后果价值过分追求的动力和对自己行为能力的盲目自信，造成行为风险估计的错误；二是由于个人安全文化素质较低（即行为者缺乏安全行为的自觉性），再加之企业没有建设起较强的安全文化氛围（即企业群体缺乏对不安全行为的约束力），使行为者的不安全行为动机不能得到有力的校正。

（2）无意识不安全行为。无意识不安全行为是指行为者在行为时不知道行为的危险性；或者没有掌握该项作业的安全技术，不能正确地进行安全操作；或行为者由于外界的干扰而采用错误的违章违纪作业；或由于行为者出现生理及心理的偶然波动，破坏了其正常行为的能力而出现危险性操作；等等。显然，无意识不安全行为属于人的失误，按产生失误的根源可以将其分为两种：一种是随机失误，另一种是系统失误。

随机失误是指行为者具有安全行为能力，也知道不安全行为的危害，但是由于外界的干扰（如违章指挥等），或行为者自身出现的生理心理状况恶化（如疾病、疲劳、情绪波动等），发生的不安全行为。在出现生理及心理状况恶化的状态下作业，多数是行为者个人没有能力控制自己，又没有恰当地安排好自己的工作，这显然是行为者个人的责任。如果生产管理者已经掌握了行为者的状态而未给予适当的调节，甚至坚持进行较危险的操作，则其失误的原因就应属于管理失职，也可以归为违章指挥的范围。

系统失误有两种：第一种是人机界面设计不当，不能与人的生理心理条件匹配，使人在操作中容易疲劳，从而创造了产生失误的作业条件，属于人机系统设计问题；第二种是行为者不具备从事该项作业的安全行为能力，或者不知道该项作业的安全操作规程，或者只知道些安全作业条文，而不具备安全操作技术，因此在作业中，凭借自己想象的方法蛮干。也就是说作业者本身就具有必然失误的条件，造成这种情况的主要原因是管理者用人不当，或者没有对行为者进行认真的培养和严格安全能力考核，显然出现这种情况是属于违章指挥的结果。

三、消除或减少人的不安全行为

1. 人机环境系统本质安全化建设

人机环境系统本质安全化，即实现产生系统中人、机、环境三者最佳的安全匹配，其中，人员本质安全化是人机环境系统本质安全化中的关键子系统建设。

人员本质安全化建设。人员本质安全化定义为：使人员的安全生理、安全心理、安全技术及安全文化四个方面的素质构成与生产系统的安全要求相匹配。人员本质安全化建设的目的就是培养人员这四个方面的素质。

不同的生产作业系统，不同的工种，其安全操作技术不同，对人员安全素质的要求也就不同，即对人员素质选择的内容及要求的指标不同，培养训练的内容及方法也不相同。以生理心理素质为例，电焊工只要求具备较好的眼与手配合能力，而汽车司机还要具备眼与脚的配合能力。虽然电焊工与司机都需进行手的盲目定位训练，但司机还需进行脚的盲目定位训练。

安全文化是决定人员安全品质的关键。安全文化是指体现在员工身上的安全价值观念和安全行为模式，例如，安全第一观念的强度是否能构成自觉遵章守纪的意识，是否能在生产活动中具有安全行为的自觉规范能力，是否能在生产活动中自觉地用"三不伤害"原则来约束自己的行为等。

以上四项素质中，生理心理素质是最不稳定的素质，极易受到外界因素的干扰引发随机失误；安全技术素质是通过一定时间的培养训练形成的较为稳定的素质，一般不会有明显的波动，除非生理上心理上发生很大的变化导致肢体障碍，或者生产指挥者强行干预；安全文化素质是在教育、培养、训练中形成的最稳定的素质，几乎不会因暂时的干扰发生变化。实践证明，生理、心理及技术素质很好的工人并不一定遵章守纪，相反，越是这三个条件好的人越敢冒险违章，这是有意识不安全行为者的特点之一。只有具备较高的安全文化素质，建立起正确的安全价值观和安全行为动机的人员才能正确地发挥其生理、心理及技术上的优势，成为安全、高效的作业者；对于安全技术水平不高的人员，也能自觉地学习安全操作技术，主动完善自己的安全素质。

2. 机具本质安全化建设

从控制人的不安全行为这一角度分析，机具本质安全化建设的主要内容之一就是合理设计人机界面，避免引起人员不安全行为的结构。

机具人机界面的合理程度直接影响人的操作方法和操作准确

性，如果机具的人机界面结构不当，不仅使工人不便于操作，甚至很容易造成失误。例如，有的控制台设计成一排十几个形状、颜色完全相同的按键，使用时操作者的视觉定位及触觉定位十分困难，特别是在紧急情况下极易发生误操作。再如，如果信息变化过快或要求连续操作的动作过快，会使工人处于高度紧张状态，很快就会产生疲劳，使得工人丢失信息，或是跳过某些作业环节出现随机失误。

3. 作业环境本质安全化建设

作业环境指的是技术性生产环境，包括物理、化学、生物、空间、时间五种环境。作业环境对人的安全操作能力有着直接的影响，如过强的噪声会使人产生躲避心理，导致简化作业而违章；有害气体会使人由于中毒而出现动作失调；生物性污染会对人造成某种感染而失去原有的体力；过分狭窄的场所使人难以按照安全规程正常地作业；过紧迫的时间会使人因来不及按部就班地操作而违章；等等。显然，不适当的生产环境本身就是促成人的不安全行为的重要原因。

4. 违章违纪现场管理

在生产现场，作业行为是否安全是以安全操作规程和劳动安全纪律为标准的。因此，不安全行为主要表现为作业者违反安全操作规程、违反劳动安全纪律及生产管理者违章（包括违反安全生产纪律）指挥。违章指挥的结果又必然造成作业者失误，因此，违章违纪是构成不安全行为的主要内容。

每次违章违纪并不是必定会发生事故，这就给人造成一种错觉，好像事故是偶然的，违章违纪并没有什么危险。其实不然，统计表明，绝大多数事故，都直接或间接地与违章违纪相关，这就是违章违纪与事故的必然性及规律性联系。

对违章违纪的现场管理，可以从以下三个方面考虑：

（1）严格控制管理者的违章指挥。生产管理者违章指挥是构成员工随机失误的主要原因之一，并且具有鼓励有意识不安全行为（违章作业）的效应。

（2）严格执行奖惩制度。奖惩机制能有效地推动人们主动提高对安全价值观和行为规范的认同感。违章违纪的奖惩主要体现为对险兆事件执行"四不放过"制度。对于制止违章违纪避免险兆扩大的行为给以重奖；对于频发险兆事件的人给以重罚，做到防微杜渐、治小防大。

（3）建设企业安全文化。企业安全文化建设包括职工安全文化素质建设及企业安全文化氛围建设两个方面，职工安全文化素质是建设企业安全文化氛围的基础，企业安全文化氛围又是推动职工安全文化素质建设的动力。

四、遵章守纪管理

遵章守纪是一种自我约束能力的体现，一个人的自我约束能力，产生于他对那种行为的价值观念，即行为动机。遵章守纪是一种品质，这种品质的形成既有技术方面的作用，也有法制方面的作用；既有文化方面的作用，又有管理方面的作用；既需要个人努力，又需要群体帮助；既需要干部对工人进行指导，也需要工人对干部进行监督。可见，做到遵章守纪不是一个简单的方法问题，而是一项涉及面很大的系统工程。这项系统工程，主要由两个部分构成；一是建立一系列的管理制度；二是组织一系列的实施管理。

1. 建立规章制度

安全规章和纪律是前人用血的教训换来的，因此，必须使职工清醒地认识到，违章违纪就是走向引发事故造成伤亡的危险道路，难免不测。不论是作业者违章违纪，还是管理者违章指挥，都是对风险估计错误而形成的错误行为。因此，约束职工遵章守纪的关键是对遵章守纪的正确认识，只有科学的认识，才会有科学的态度，才能克服侥幸心理，才能自觉地约束自己遵章守纪。

遵章守纪的管理制度，可大致归纳为以下六个方面：

（1）建立严格的安全作业规章及劳动纪律，包括生产指挥人员的遵章守纪管理制度和作业人员的遵章守纪管理制度。

（2）对新上岗的职工和干部要进行严格的训练和考试，不达到要求不能上岗；已上岗的职工和干部出现违章违纪时必须下岗重新训练，考核合格后才能再上岗。

（3）完善遵章守纪的教育培训制度，具体包括：安全规章、纪律的教育及实地训练，遵章守纪意识能力的教育及在生产中实施培养。

（4）建立事故风险共同承担机制，既实行风险抵押，又实行严格奖惩，使"遵章守纪"的安全生产原则成为工人和干部的行为准则。

（5）建立企业安全文化，构筑起安全第一价值观念和行为准则，使每名职工和干部都能自觉地用安全第一的生产思想、安全第一的技术能力、安全第一的生产指挥原则、安全第一的协作精神规范自己的行为。

（6）建立对作业现场违章违纪进行检查、评比、公布制度，形成强有力的群众监督机制。

2. 遵章守纪个人管理

遵章守纪首先是靠每名职工自觉地去执行，而不能靠他人监管，因为安全管理人员不可能每时每刻都在每一个生产现场，班组长也不可能每时每刻都能照顾到每一名工人。管理是一种约束，约束的根本目的就是提高每一个人遵章守纪的自觉性。因此，一个企业安全管理的效果，可以用这个企业干部和工人遵章守纪的自觉程度来衡量。

个人对遵章守纪的自查自管能力就是这种自觉性的典型表征。

个人自查自管的主要方法是用遵章守纪检查表，根据每个人的作业特点及每个人习惯性违章违纪的特点，自己制订遵章守纪检查表。检查表中每一项都应具有序号、项目、检查结果、改进办法等栏目。

一般应每天自查，每周做一次改进结果的总结，在小组会议上报告。还可以动员家属参与职工遵章守纪自查自管，将本岗位可能发生违章违纪的条款印发给家属，或者放映违章肇事的录像让家属收看，动员家庭成员经常提醒职工检点自己的行为，并对违章违纪行为给予帮助。这种做法既可以提高职工自查的觉悟，又可以提高改进的速度。

3. 遵章守纪班组管理

现代工业生产及管理本身就是一种集体配合作业的过程，每一个工作者都是集体中的一员，作业的内容又是与大生产系统紧密相关的，是大系统中的一部分。每一个人的成败，每一道工序的成败，都将关系到整个生产安全有序运行的程度。在现代生产系统中，如果有一个人不遵章守纪，就会干扰集体的作业安全，他的行为暴露在集体面前，自然会引起集体的反对和劝阻。这种反对和劝阻既是一种控制力，又是一种形成自觉性的推动力。为了充分发挥这种自发的集体监控力量，在生产中可以有组织地建立起明确的互控机制，以提高这种互控效果。

（1）班组管理的通用方法：

1）班组成员轮流安全值周。班组成员轮流值周既是一种民主管理、调动集体成员责任感的方法，也是一种培育班组成员安全意识、实现安全文化建设的有效方法。

班组成员轮流值周，就是班组的所有成员，依次分别轮流担任一周的班组安全员，每天班组会由班组值周安全员主持，进行几分钟的班组成员遵章守纪讲评，开展自查互查相结合的群查活动。在生产过程中发现班组成员有违章违纪行为时，班组安全员应立刻提出纠正意见，情况严重的，造成事故险兆的，应按照"四不放过"的原则组织集体讨论，提高认识，找出原因，定出措施，吸取教训，防微杜渐。

2）安全员承担班组安全工作。安全员要做到：使班组中每个成员都了解本班组工作的性质及危险因素、本班组作业现场存在的有害因素；使每个成员掌握事故防范措施及救援技术。要建立起班组中每个成员与安全员遵章守纪联保制度，班组中有一人违章违纪安全员联罚。

（2）班组管理的常用方法：

1）呼唤应答。规定在两人以上配合作业中，每一次对信息的确认，每一项重要操作的开始，每一个重要情况的处理，事先都要由主担任者叙述，或者敲出规定的音节，也可以配合规定的手势或灯光信号，然后由合作者复述，两人（或多人）同时确认之后才能执行。如果其中有一人失误，将会被他人纠正。这种方法在多人操作的控制室中，在多人配合的检修作业中，都起到了很好的效果。

2）互保对子。将同时从事相关联作业的人建立互保安全的"对子"，一般是两人互保，也可多人互保，一人违章违纪将由互保者共同承担责任。因此互保者既是对方遵规守纪的监护人，也是对方遵章守纪的保证人。

3）建立群查记录卡片库。每张卡片都写有一条安全规章或安全作业纪律的内容，并印有供记录违反该项内容的登记表格。班组每日群查时，对号记入每次违章违纪的事例，并按卡片组织班组成员学习该项条款；无违章违纪事件时，可请几名班组成员每人抽取一张卡片，然后讲出该项条款的内容，让大家一起讨论，或对该卡片上记录的曾经发生的事故案例进行分析，引以为戒。

4）悬挂遵章守纪图表。将本班组遵章守纪的主要内容或违章违纪的主要表现拍成照片，或画成漫画，并附简要的说明，连图片一起装裱，挂在班组的墙上，作为班组群查时讨论的依据，既可以具体分析违章违纪的发生过程及发生的状况，也可以作为班组学习的教材。

4. 遵章守纪车间管理

车间既是企业生产中具有独立生产功能的系统，也是企业安全管理中具有独立功能的系统，职工及管理者遵章守纪是车间安全功能的重要保障。因此，在车间管理工作中，对职工及管理者遵章守纪管理是车间管理工作中的一项重要内容。

遵章守纪车间管理，一是要建立正规的制度，二是要建立科学的方法。遵章守纪管理制度及方法主要包括以下三个方面的内容：

（1）违章违纪信息收集。车间中对违章违纪信息的收集有以下两种方法：

1）连续收集法。由安全员随时收集和记录职工及管理者的违章违纪事件，其要点是：安全员及时填写遵章守纪情况记录卡片，并进行统计整理。

2）抽样收集法。其做法是：安全员每日进行抽查，每次抽查时按时按事对被查者做违章违纪的记录，并对记录进行统计整理。

（2）违章违纪信息分析。收集的违章违纪信息是动态的，每日都有变化，因此对信息的分析判断也必须是动态的、及时的。对违章违纪信息的分析有以下两个层次：

1）宏观态势分析。主要包括：分析违章违纪发生的特点及

分布规律，例如，职工及管理者违章违纪的百分比以及他们各自的作业时间分布、工种分布、年龄及工龄分布，绘制连续几个月的各种分布变化规律曲线图表；分析违章违纪的原因，例如，设备问题、作业环境问题、人员生理心理素质问题、安全技术问题、安全意识问题、定额计算问题、质量控制问题、奖惩方法问题、家庭及社会生活问题等，进而分析各种原因分布状况及变化趋势；概括出本车间关于违章违纪的各种规律性资料，为制定提高车间遵章守纪的措施及计划提供科学的依据。

2）微观结构分析。违章违纪微观结构分析的目的是详细地分辨每个班组以至于每一个工种（特别是违章违纪频率较高和造成事故险兆的班组及工种）发生违章违纪的原因结构。违章违纪的原因很多，但是对于每个班组及每个工种必然有各自的特点，必须分析出造成该班组及工种违章违纪的主要原因结构，为有针对性地制定防范措施提供依据。因此，对信息的分析不能写些笼统的、模糊的结论，一定要具体到可以落实改进措施的程度才算完成分析。

（3）违章违纪控制措施：

1）制定改进方案。改进方案的内容主要是消除可能产生违章违纪的客观原因，主要包括：

①人机界面设计不合理，不符合使用方便、生产高效、环境宜人的原则，这是引发违章操作的一个重要原因。常见的问题有：人机界面设置的操作顺序不符合实际需要，使操作者常发生误操作；工具使用不方便，过于笨重、不适合手形，严重降低生产效率，甚至工具本身常造成事故险情；人机界面过于复杂，使操作者负担过重，很快产生疲劳，或者人机关系过于简单，很快感到单调等。

②作业环境不适，如物理或化学环境使人难以忍受，操作者急于完成操作，想尽快避开这种环境；物理或化学环境超过人的承受能力，而操作者又长时间地身处这种环境之中，造成生理及心理承受能力严重下降；作业空间过于狭小，难以按规程作业，

或者作业时间过于紧迫，难以按正常程序作业等。

③生产管理指挥不善，如生产组织不当，产生人际纠葛、配合不顺等；生产管理不当，计件或定额不合理、奖惩不合理等；违章指挥，管理者素质与系统要求不匹配，强令职工冒险作业、无证上岗等。

2）制定控制措施。经过对违章违纪信息的分析，提出改进措施计划之后，还必须落实对人员控制的具体方法。不论是职工还是管理者，都必须对违章违纪行为加以纠正，必须在生产作业及作业指挥过程中，建立纠正违章违纪的实时控制制度。实时控制制度包括以下几项基本内容：严重违章违纪实时纠正登记制；每月出现一次以上的轻伤及险兆事件频发者的违章违纪的重点监控管理记录制；互保"对子"失去相互帮助作用，反而相互隐瞒从事违章违纪行为，或携手从事违章违纪行为的制裁制度；建立职工与管理者制止违章违纪的奖励制。

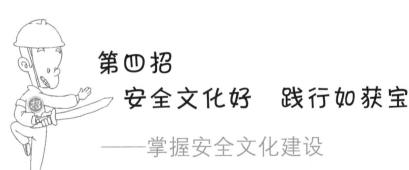

第四招
安全文化好 践行如获宝
——掌握安全文化建设

一、安全文化建设的意义和内容

在说到企业安全生产的时候，有这样一个问题无法回避，安全规程不能被严格执行。在生产作业中，不少人对爱惜生命缺乏自觉性，导致事故的发生。在科技迅猛发展的今天，仅靠传统的安全管理方法，很难形成人人关心安全的良好环境。因此，应当

大力开展安全文化活动，提高全体职工的安全素质，通过以人为本的安全管理，建立可靠的安全体系，这样才能全面提升企业安全生产管理水平，切实保障职工在劳动生产过程中的安全与健康。

1. 安全文化建设的意义

所谓安全文化，是企业在安全生产实践中，经过长期积淀，不断总结、提炼形成的为全体职工所认同的安全价值观和行为准则，是尊重人的生命权利、实现人的价值的文化，是以人为本的根本体现。它能使企业领导和职工都纳入集体安全情绪的环境氛围中，产生有约束力的安全控制机制，使企业成为有共同价值观的、有共同追求的、有凝聚力的集体。如果把安全比作企业发展的生命线，那么安全文化就是生命线中供养的血液，是实现安全的灵魂。

（1）安全文化建设是以人为本的"折射镜"。在安全管理中，人是第一要素，在安全生产中起着决定性作用。从各类安全事故中可以看出，安全意识淡薄、"习惯性违章"的人为因素占事故发生率的绝大部分。因此，杜绝人的不规范行为是安全管理的重要环节。安全文化建设就是通过各种载体、手段或有效形式，把先进的管理理念、安全技能，潜移默化地影响到每一个职工，使安全思维和安全意识深入职工的内心，从而促使职工队伍素质整体提高，实现人人参与安全管理，人人都是安全员，从根本上消除安全隐患，纠正习惯性违章，确保安全操作规程的落实。

（2）安全文化建设是推进企业安全管理工作的"催化剂"。安全文化建设的程度，直接反映企业安全生产管理的水平，而扎实有效地搞好安全文化建设，对企业安全生产局势的稳定有着不可或缺、举足轻重的作用。与此同时，安全文化建设有利于安全管理工作的有效实施。安全文化建设增强了职工的安全意识，企业上下、方方面面，都会从安全的愿望出发，审视周围的安全环境，主观上要求得到安全保障，也就容易发现和提出安全管理方面存在的不足和问题，从而全面推进企业安全管理工作的不断创新和改进。

2. 安全文化建设与安全管理的关系

（1）安全文化建设是安全管理的重要组成部分。安全管理是一项复杂的系统工程，是需要职工全员参与的动态管理过程。建设企业安全文化，营造"关注生命、关注安全"的舆论氛围，对推动安全管理将产生不可估量的积极作用。另外，安全文化对职工产生影响的过程是一个潜移默化的过程，利用安全思想意识指导行为，达到安全操作的目的。

（2）安全文化是安全管理的基础。现代安全管理的任务是为了人，即管理的目的是以人为本。其主要手段是对人的不安全行为进行控制，在人—机—环境系统中，人的行为及其作用取决于反映该系统各部分状态的诸种因素。从安全文化来讲，与"机—环境"有关的安全物质文化，主要表现为企业的安全条件，即"硬件"建设；而与"人"有关的安全精神文明和安全行为文化，主要表现为人的安全技能和约束机制，即"软件"建设。因此，控制人的不安全行为必须从这两方面着手。

3. 安全文化建设的内容

安全文化是安全价值观、信念、道德、理想、风气、行为准则的复合体，是安全观念和安全行为准则的总和，它是社会文化的一个组成部分。企业安全文化是指企业职工在预防事故、抵御灾害、创造安全文明工作环境的实践过程中所形成的物质和精神财富的总和。而班组安全文化是指班组在企业安全文化的基础上，在市场经济的新形势下，对"安全"这个关系到企业声誉及自身安危的具体问题，通过班组成员的各种认识实践、活动实践和自我完善实践，逐步形成的一种潜在的文化。

安全文化包括安全观念文化和安全行为文化。安全观念文化是对安全活动、安全行为、安全环境、安全事务、安全标准、安全原则、安全实现条件等的基本态度和观点的总和。人们在生产过程中，所具有的特定的安全观念，导致不同的安全认知和态度，从而影响着对安全的规划、决策、管理和指挥。安全行为文化是

指企业职工受意识、观念、态度等认识影响，在生产中表现出来的安全行为方式和形式，具体表现为安全思维、安全学习、安全指挥、遵守规章、应急行动、安全操作、安全组织性和纪律性等安全活动。

安全文化建设的具体内容如下：

（1）安全生产方针政策、安全法律法规、安全规程制度。

（2）安全意识、安全道德。

（3）安全教育。

（4）现代安全管理。

（5）安全措施、安全减灾。

（6）安全效益。

（7）安全环境。

4．安全文化建设应具备的素质

（1）安全员应具备的安全文化素质：

1）具有强烈的安全意识。包括：

①人本意识。重视人的价值，尊重人的生命，以职工的生命和健康为重，把"安全第一，预防为主"作为企业生产经营活动的首要价值取向，防止重生产、轻安全，重效益、轻投入的思想。

②法制意识。掌握安全生产方针政策，遵守法令法规，不断学习企业有关的安全制度、措施，并结合企业实际认真贯彻和落实。

③创新意识。不断掌握安全工程新技术，密切关注企业安全管理的成功经验和新方法、新思路，积极推行先进的安全管理经验。

2）刻苦钻研业务，具备管理能力，积极推广和应用现代管理的新技术、新办法，推进班组安全管理制度化、规范化、科学化。

3）不断完善班组各项安全生产制度，并督促落实。对安全工作认真负责，不做表面文章。

4）不断探索安全教育的模式和有效途径，提高安全教育培育的质量和效果。

（2）操作者的安全文化素质：

1）有较高的安全需求,珍惜生产,爱护健康,做到不伤害自己、不伤害他人,不被他人所伤害。

2）有较强的安全意识,有"安全为自己"的观念,上标准岗,干标准活,按程序、措施操作,不违章指挥、违章操作,不冒险蛮干;能够拒绝违章指挥,制止违章操作,做到隐患不排除不生产,措施不落实不生产,不安全不生产。

3）有较多的安全知识,能够掌握与自己工作相关的安全技术知识和安全操作规程。

4）有较强的安全技能,熟练本岗位的安全操作技能,熟知岗位存在的危险因素和识别办法。

5）有较强的纪律性,能够遵守有关安全生产的规章制度和劳动纪律,并能长期坚持。

6）有良好的应急能力,遇到异常情况,果断采取措施,把事故消灭在萌芽状态或杜绝事故扩大。

二、安全文化建设的方法和手段

1. 安全文化建设存在的误区

安全文化能以寓教于乐的形式和手段增强职工的安全意识,规范职工的安全行为,提高职工的安全素质,是促进企业和班组安全生产的重要途径。但目前在企业安全文化建设中还存在种种错误思想和做法,特别在车间、班组中,这种误区十分严重。

（1）思想认识上的误区:

1）认为车间、班组只要按照上级的要求,抓好日常安全管理工作就行了,抓安全文化建设是多此一举,没有多大必要。这种认识是没有看到安全文化建设对车间、班组日常安全管理工作的指导作用。因为通过班组安全文化建设,可以营造安全氛围,增强职工的安全观念,把安全作为生活与生产的第一需要,自觉地保护自己和他人;可以牢固掌握应知应会的安全知识,学会安全技能；可以创新班组日常安全管理工作。由此可见，加强安全文化建设与抓好车间、班组日常安全管理工作是一致的。

2）认为抓安全文化建设是上级领导和机关的事，与车间、班组关系不大。这也是一种错误的认识。显然，在企业安全文化建设中，上级领导和机关负有重大的责任，但这不等于说班组负有的责任可以放弃或减轻。因为企业安全文化建设的基本要求，归根到底要落实到车间、班组，落实到每个职工，只有班组的安全文化建设不断加强，整个企业的安全文化建设才会有牢固的基础。并且安全文化建设具有层次性的要求，只有破除"上下一般粗"的做法，形成各自的特色，才能保持企业安全文化的生机与活力。

3）认为安全文化建设只是抓虚的，不是抓实的，是物质条件不足以精神来补，这也是错误的。安全文化即人类安全活动所创造的安全生产和安全生活的观念、行为、物态的总和，它包括安全精神文化和安全物质文化。车间、班组必须坚持两手抓，两手都要硬。一手要抓安全精神文明建设，向职工灌输安全理论，增强他们的安全观念，组织职工学习安全技术知识和安全规章制度，提高职工的自我防护能力，规范职工的安全行为；另一手要抓安全物质文化建设，配齐劳动防护用品、安全工器具，完善各种安全设施，改善作业环境。可见，加强安全文化建设，不仅要务虚，而且要务实，应使安全精神文化与安全物质文化共同进步，协调发展。

4）认为安全文化建设这个题目太大，应达到什么标准不好把握。实际上加强安全文化建设的标准与日常安全管理工作的标准是一致的。比如，在安全目标上，应实现控制未遂和异常，实现事故零目标；在安全教育上，应实现教育内容、时间、人员和效果的"四落实"；在安全防护上，应做到劳动防护用品、用具齐全；在作业环境上，应实现隐患和危险处于受控状态。同时，要坚持改革和创新，不断总结经验，努力探索加强安全文化建设的新做法。

（2）实际工作中的误区：

1）只注重宣传，不注重内涵。认为安全文化建设就是安全宣传教育活动，或职工在安全生产方面的豪言壮语和文体活动，而不从物质层、制度层、精神层三个方面进行安全理念、安全价值观的培育。抓不住安全文化建设的内涵，就不会取得好的效果。必须按照安全文化的本质要求，结合企业实际，并借鉴国内外安全文化建设的成功经验，从被动的、经验的安全管理转向主动的、系统的、科学的安全管理。

2）只注重硬件投入，不注重具体活动的开展。安全文化建设需要硬件投入，但仅有硬件投入绝对是搞不好安全文化建设的，必须把着力点放在规范职工安全生产行为上，通过各种安全教育培训、安全质量标准化、现代安全管理方法的推广和运用，把法规要求、技术规范、操作规程、纪律约束、岗位责任等融合于岗位生产活动中，塑造作风硬、技术精、爱岗敬业、遵章守纪、操作规范的职工队伍。必须坚持以人为本，通过人性化教育，使广大干部高度重视人的生命权和健康权，培育职工自觉、自律的安全职业道德和作风，杜绝人为事故的发生。

3）只注重形式，不注重实效。安全文化建设是形式与实效的统一，形式仅仅是条件和手段，实效是最终目的。要突出重点，把握关键，在完善和落实安全生产规章制度上下功夫，在安全理念、安全价值观的培育上下功夫，在规范职工安全生产行为上下功夫，使各项安全生产管理制度达到固化于制，安全理念、安全价值观达到内化于心，安全生产基本设施、安全生产基本条件达到外化于形。通过安全文化建设，提高职工的安全意识，规范职工的安全行为，及时消除安全隐患，提高设备设施的安全性能，杜绝事故的发生。同时，用安全效果、安全质量标准化成果来检验安全文化建设所取得的成效，看职工的安全意识有没有明显增强，"三违"现象有没有得到有效的控制，各项制度措施有没有得到很好的落实。

　　2.　安全文化建设的思路和途径

　　（1）基本思路。安全管理面临的是一个复杂的系统，只有对这个系统有了比较清楚的了解，对系统中每个过程有了准确的识别，明确了彼此之间的联系，才能比较确切地掌握这个系统运转的规律，以便采取有效办法，使系统运行达到最佳状态，安全才有保障。从广义和普遍意义上来讲，安全管理面临的是一个人—机—环境的复杂系统，是对人—机—环境的综合协调和运用；从系统过程来讲，行业不同系统过程有着较大的差异。把这种人—机—环境的协调和运用，结合行业的特点，应用系统思维的方法，总结长期的生产实践中形成的精神的和物质的财富，经过提炼、加工并创建成为安全文化，把安全管理上升为安全文化，在职工中进行广泛的宣传和教育，并在实践中不断地总结、完善和提升，如此长久持续下去，变被动管理为主动管理，变事后管理为事前管理，变传统管理为科学管理，变随机管理为规范管理，就会产生长久的安全效应。

　　对人而言，就是要采取最有效的方法，提高人的安全意识，牢固树立安全第一的思想，树立安全、健康、环保的安全工作理念，学习规范标准，规范行为，遵章守纪，树立良好的职业道德，熟练掌握自己应有的业务技能；对机而言，就是要不断提高设施、设备的安全性能，提高工作环境的适宜性和舒适性，使得人机达到一种最完美的结合，最大限度地实现人机之间的相互需求，同时要处理好安全和效益的关系；对环境而言，就是要创造宽松的安全管理的人际关系，最大限度地发挥人的主观能动性，营造安全文化氛围，使安全工作不再是单纯的、枯燥的简单劳动，同时要创造成一个健康环保的工作环境，实现人、机、环境三者的完美结合。

　　安全文化在某种程度上讲，是系统、规范、科学的安全管理，只要安全文化在班组创建起来，有效应用，并持续下去，才能产生长久的安全效应。

（2）把握影响安全文化建设的因素。安全文化建设是一个契机，是一切生产、生活活动的基础。如果把班组比作人，安全文化建设是就是人身的血液与灵魂。因此要搞好安全文化建设，就必须抓住这个"灵魂"，充分考虑影响安全文化建设的因素，并把握住这些因素。

1）组织保证。企业领导要高度重视，为安全文化建设创造条件；车间领导要大力支持，为安全文化建设出谋划策；安全部门要具体指导，为安全文化建设提供帮助。要从组织上为安全文化建设顺利进行提供可靠保证。

安全员的职责是组织率领班组成员，以提高和改进生产过程中的安全可靠性，团结全班组人员，共同建设班组安全文化。以班组长、安全员、技术员为核心的班组安全组织，在安全生产中担任着重要角色，起着表率、监督、检查、指导的作用。这种既分工又合作的班组安全管理结构为安全文化建设奠定了基础。

2）素材源泉。营造良好的学习氛围，是搞好安全文化建设的重要环节。班组不仅是完成任务的实体，也是孕育企业文化的细胞。班组成员在实际操作中的成功经验、失败教训、亲身感悟、点滴体会是形成安全文化的素材与源泉。安全员要注意把职工表现出的对事故的态度、事故分析得出的原因、挖掘意识收到的成果、总结利弊得到的启示和经验，通过归纳提炼为安全文化理念的结晶。

3）个性特征。安全文化建设具有广泛的群众性、普遍的实践性、科学的指导性，朴素实在、可塑性大、前瞻性强，带有良好的希望和祝愿，具有较高的法律基础和技术水准，能体现职工的文化、技术水平、安全意识，反映职工的工作性质、个性特征。

4）意识理念。安全文化建设是通过动员职工人人讲安全、个个想安全、说身边的人、写身边的事，开展安全评估、危险点排查、事故原因分析、生命价值讨论等活动，让职工认清"安全源于警惕、事故出于麻痹"，认识到发生事故对己、对人、对家庭、对企

业、对国家不利的道理，不断由浅入深形成安全文化理念。安全员要在实际工作中细心观察职工，注意从感动上寻思、伤感上找源，在引导职工吸取教训、制定防范措施的基础上，按照短、明、快的要求形成安全文化格言、警句、诗歌、顺口溜，绘制安全标志、图案强化职工的安全意识，牢固构筑职工安全思想防线。

5）思路创新。安全文化建设是一个动态过程，受到职工文化结构和素质的制约和影响，并随着科学发展而发展、技术进步而进步、工艺变化而变化，只有与时俱进、创新发展、丰富内涵才能保持顽强的生命力和完整的个性特征。

3. 安全文化建设的途径

（1）树立安全价值观，培养安全行为。长期以来，在安全生产工作中的一个顽症就是"严格不起来，落实不下去"。要解决这一问题，关键在于建立包含思想认识、理念意识、行为习惯等内容的安全文化。首先，要培养以团队精神为主的安全价值观，使安全意识渗透到每一个职工生产、生活的方方面面，使职工主动避免不安全的行为，自觉关注自身和他人的安全，营造安全、文明的生产和工作环境。其次，要培育"预防管理"的文化氛围，即鼓励全体员工主动发现安全隐患，报告安全问题，提出安全建议，防范事故于未然。最后，要强化职工的安全生产主体意识，使他们真正认识到"安全生产，人人有责"。

（2）把安全文化融入现场管理全过程。安全文化的建设，很大程度上取决于各种安全理念是否能与企业管理有机渗透和融合。生产工作是否安全可靠，首先表现在生产现场，现场管理是安全管理的出发点和落脚点。职工在企业生产过程中不仅要同自然环境和机械设备等做斗争，而且还要同自己的不良行为做斗争。因此，必须加强现场管理，搞好环境建设，确保机械设备安全运行。同时要加强职工的行为控制，健全安全监督检查机制，使职工在安全、良好的作业环境和严密的监督、监控管理中，没有违章的条件，杜绝人为因素发生。为此，要搞好现场文明生产、文明施工、文明检修的标准化工作，保证作业环境整洁、安全。规范岗位作业标准化，预防"人"的不安全因素，使职工做标准活、放心活、完美活。

（3）坚持开展丰富多彩的安全文化活动。开展丰富多彩的安全文化活动，是增强职工凝聚力，培养安全意识的一种好形式。因此，要广泛地开展认同性活动、娱乐性活动、激励性活动、教育性活动；张贴安全标语、提出合理化建议；举办安全论文研讨、安全知识竞赛、安全演讲、事故安全展览；建立光荣台、违章人员曝光台；评选最佳班组、先进个人；开展安全竞赛活动，实行安全考核，一票否决制。通过各种活动方式向职工灌输和渗透企业安全观，取得广大职工的认同感和荣辱感，形成统一的安全意识和行为。

（4）实现班组安全管理规范化。人的行为的养成，一靠教育，二靠约束。约束就必须有标准，有制度，建立健全一整套安全管理制度和安全管理机制，是搞好安全文化建设的有效途径。首先，要健全安全管理制度，让职工明白什么是对的，什么是错的；应该做什么，不应该做什么，违反规定应该受到什么样的惩罚，使安全管理有法可依，有据可查。对管理人员、操作人员，特别是关键岗位、特殊工种人员，要进行强制性的安全意识教育和安全技能培训，使职工真正懂得违章的危害及严重的后果，提高职工的安全意识和技术素质。严格各项管理制度，严明奖罚，营建个人的安全观，健康的职业道德，形成良好的价值取向。

4. 安全文化建设的方式

（1）运用传统有效的安全文化建设手段。坚持开展行之有效的安全培训教育和安全活动，如"三级教育"、特殊工种的培训教育、检修前教育、开停车教育、日常安全教育等；岗位工人必须持证上岗；开展班前安全活动、"三不伤害"活动、"5S"活动；开展安全竞赛、安全演讲、事故报告会等活动；实施标准化岗位、创建合格班组活动；定期进行技术练兵。还要开展多种形式的安全

宣传，如设置安全宣传墙报、张贴安全标语、悬挂安全旗、设置安全标志（如警告标志、禁止标志、指令标志和指示标志等）、悬挂事故警示牌等。

（2）推行现代化的安全文化建设手段。在安全文化建设中，企业不断探索出适合自身安全文化建设需要的现代化手段，如班组建家；"三群"（群策、群力、群管）对策，"三防管理"（尘、毒、烟），"三点控制"（事故多发点、危险点、危害点），"四查工程"（岗位、班组、车间、厂区）；事故判定技术，危险预知活动，"仿真"（应急）演习；安全风险抵押制；家属安全教育；等等。

综上所述，搞好安全建设始终是企业加强基层安全管理工作需要探索和实践的一个重要课题。安全建设要源于实践，根据企业的实际情况，找准自身安全建设的难点和重点，不断探索，不断改进，求实求新。除采取行之有效的管理方式和管理方法外，还要不断改善生产作业环境，督促企业在发展生产的同时，不断完善职工的劳动安全卫生条件。

三、安全文化建设经验介绍

很多企业能够针对新情况，研究新问题，探讨新方法，提出了加强安全文化建设一系列新思路、新举措，并以此为突破口，有效地推动了安全文化建设。

1. "12345" 安全文化建设工程

以 "一严" 为特征，"两抓" 为重点，"三项工作" 为途径，"四个规范" 为核心，"五个开展" 为动力的 "12345" 安全文化建设工程。

（1）一严。

一严："严字当头" ——严格组织领导、严格科学管理、严格执行标准、严格要求员工、严格考核标准、严格工艺纪律。

目的：形成以从严求实为内涵、认真和严格为特征的思想作风和工作作风。

支持手段：检查、考核、奖惩标准。

要点：

1）建立企业安全文化领导小组，形成安全管理机构。注重"机构"作用的发挥，制定相关的管理文件和保留相关的活动记录。

2）针对工作绩效建立"检查、考核、奖惩"标准，和效益工资挂钩，针对劳动纪律和工艺纪律建立奖罚制度，实行重奖重罚。

3）层层签订"安全工作责任书"，做到科学细化、可控可考，把安全工作目标落实到基层、落实到岗位、落实到个人，严格兑现，不说空话。

（2）两抓。

两抓：抓设备管理、抓现场管理。

目的：提高设备和工作场所的安全性，优化工作秩序，让职工在安全、优美的环境中工作。

支持手段：现场"点、线、面"管理。

要点：

1）做好设备的日常维护工作，结合实际，制定设备检查标准，内容要具体，具有可操作性，并不断地修改和完善。使设备始终保持清洁，并正常运行，达到行业规定的设备完好标准。

2）搞好"点、线、面"的现场管理。"点"看设备，即要求设备无锈蚀、清洁、转动灵活、标识标牌清晰；"线"看程序，即每道作业程序衔接严密，上道程序为下道程序服务，不同班组之间工作责任明确，有章可循；"面"看管理，作业环境整洁，各项管理有序，警示标牌醒目，员工积极向上。

3）建立健全设备档案资料、技术资料、设备台账、设备维修手册，并对设备的小修、大修、报废进行全面跟踪管理。

（3）三项工作。

三项工作：安全教育、业务学习、安全检查。

1）安全教育。

目的：增强职工安全意识和"安全、健康、环保"的理念；

树立以人为本、珍惜生命、善待人生的安全人生观和安全价值观；激发员工积极、拼搏、向上的工作热情。

支持手段：作好安全教育记录。

要点：

①班组每月一次专题安全教育，法定长假、大型活动、特殊时期进行专题安全教育，建立格式化的安全教育专项记录，有要求、有防范措施。

②根据本行业特点规定安全教育的内容，采取丰富多彩的安全教育形式。内容一般包括：上级的指示和要求，安全目标、"三违"现象的教育和防范，联系周边的人和事以及相关的安全防护知识。

③抓住有利时机进行现身说法教育。

2）业务学习。

目的：使职工熟练掌握相关的国家和行业的规范标准，对本单位的规章制度，理解正确，执行准确，熟练掌握本岗位的操作技能。

支持手段：开展岗位练兵活动。

要点：

①班组每周一次业务学习，制订学习计划，建立格式化的业务学习专项记录。

②提高职工业务素质的三个层面：企业负责职工的专业培训、班组负责职工的业务学习、职工个人自我充电。

③采取丰富多彩的业务学习形式，例如，由安全员出题，然后每人给出解答，最后由出题人讲解正确答案等。

3）安全检查。

目的：在生产过程中，进行有效控制，排除现场隐患，持续改进。

支持手段：做好格安全检查记录。

要点：

①规定各项安全检查的周期，根据安全检查单和考核标准进行定期检查和定期考核，一般分为安全检查员每日巡视检查、班

组周检查、职工日检查。

②建立真实可靠的安全检查专项记录，使用安全检查表、整改通知单、纠正措施报告及跟踪验证报告为一体的安全检查档案。

③确保安全检查和考核同绩效工资挂钩，提供真实的考评记录。

（4）四个规范。

四个规范：规范的质量记录；规范的质量管理体系；规范的行为；规范的检查、考核、奖惩标准。

目的：以规范和标准为统率，以规章和制度为准绳，规范职工行为；以严谨的工作态度，把安全管理工作建立在科学管理的基础上，追求长久安全效应。

1）规范的质量记录。

支持手段：质量管理体系。

要点：

①按照 ISO 9001 质量管理体系建立质量记录，该说的要说到，说到的一定要做到，做到的一定要有记录。

②建立记录的数量要适宜，不能太多，保证记录的单一性；也不能太少，保证事件的可追溯性。

③记录填写要真实可靠，应在现场填写的记录不能追记，保持记录的适时性，不能涂改（要涂改必须加盖印章），保持记录的真实性。质量记录由专人负责存档。

④开展质量记录填写的评比活动，促进质量记录的规范化。

2）规范的质量管理体系。

支持手段：规范质量记录。

要点：

①制定适宜的质量方针和目标，质量方针和目标一定要切合实际，目标要量化，可操作性要强。

②认真做好过程识别，掌握过程控制点，建立配套的作业指导书。

③抓好过程控制，充分发挥安全检查在控制过程当中的作用，做到整改通知、纠正预防、跟踪验证、考核奖惩为一体，控制好每一个过程和环节。

3）规范的行为。

规范的行为：操作要规范，衡量有标准，办事有章法，行为要负责，管理要科学、制度化。

支持手段：严格执行行业规范标准。

要点：

①职工对本岗位的规范标准、操作规程、作业指导书、规章制度熟练掌握，准确执行。

②严格按"检查、考核、奖惩"标准进行考核。

③对有"三违"现象的人，应立即停止工作，下岗学习，重新考核上岗。

4）规范的检查、考核、奖惩标准。

支持手段：遵循企业规章制度。

要点：

①标准的制定要符合以下原则："一严"为特征的原则，可操作性原则，激励性原则，公平性原则，上下一致性原则，科学性和先进性原则。

②标准的执行要通过广泛讨论，听取职工意见，建立在自愿的基础之上，达到自我约束的效果。

③不能以行政处罚制度代替"检查、考核、奖惩"标准，检查、考核、奖惩标准要能全面反映职工的工作绩效（工作的数量和质量），是绩效工资发放的依据。

（5）五个开展。

五个开展：开展"十个一"活动；开展杜绝"三违"活动；开展构筑"五道防线"活动；开展岗位练兵活动；开展"争先创优"活动。

目的：激发职工的工作热情，提高职工的工作质量，强化职工的安全意识，检验安全工作的成效，表彰先进，鞭策后进，创造浓厚的安全文化氛围，使生产建立在安全、健康的基础之上。

1）开展"十个一"活动。

内容：读一本安全生产知识的书；提一条安全生产建议；查一起事故隐患或违章行为；写一条安全生产体会；做一件预防事故的实事；看一场安全生产录像或电影；接受一次安全生产知识培训；记一次事故教训；当一周安全检查员；开展一次安全生产签名活动。

支持手段：党政工团组织。

要点：

①当一周安全检查员为突破点口，安排每位职工当一周安全检查员，真正在岗一周，履行安全检查员的职责，促进"十个一"活动的开展。

②建立格式化记录，职工在当一周安全检查员后，必须完整地填写，由班组长审核验收和签字。

③定期总结，不断提升。

2）开展杜绝"三违"活动。

内容：发动群众查找违章作业、违章操作、违章指挥的现象和事件。

支持手段：发动全体职工。

要点：

①查找本单位发生过或易发生的"三违"现象，列成条款，反复进行安全教育，并制定有效措施。

②教育职工树立互相监督、互相爱护、互相帮助的良好意识，营造互帮、互学、互爱的良好氛围，树立整体安全意识。

③不断提高安全生产与规范标准和规章制度的符合度。

3）开展构筑"五道防线"活动。

内容：建立五道防线，即重点场所、重点设备、重点人员、薄弱环节、特殊时期的工作重点和防范预案，做到安全生产心中有数。

支持手段：开展安全教育。

要点：

①对"五道防线"实行动态管理。在不同地点、不同时期，每道防线的工作重点和防范内容是不同的，比如，重点场所随环境的变化而变化，重点设备随使用年限而变化，重点人员随人员的组成和发生的事件而变化，薄弱环节随作业程序的变化而变化，特殊时期随季节和时间的变化而变化。这五道防线应在不同时期和不同岗位实行动态管理。

②"五道防线"的内容、要求和预案要作为安全教育的主要内容，要将预案和措施落实在相关工作岗位和人员，做到人人皆知，时时防范，确保安全。

③"五道防线"活动一定要形成文件，并适时地加以更改和变动。

4）开展岗位练兵活动。

目的：旨在不断提高职工的技术水平和规范程度。

支持手段：开展技能培训。

要点：

①为职工创造岗位练兵的环境，并将此项内容列为班组职工技能培训的重要内容。

②新职工和转岗职工必须经过严格训练和考核后，取得岗位证书。

③有计划地、经常性地开展岗位练兵活动，利用技术比武等形式，造就技术能手，不断提高职工的业务素质。

5）开展争先创优活动。

目的：形成安全生产比、学、赶、帮、超的局面。

支持手段：完善考核奖惩标准。

要点：

①制订创建计划。

②严格评定制度，坚持高标准严要求，宁缺毋滥，不搞平衡。

③设立流动奖牌，连续三年获得上述称号的班组，其主要领导和有贡献的职工实行重奖。

"12345"安全文化工程，考核权重为："一严"占10%，"两抓"占40%，"三项工作"占10%，"四个规范"占30%，"五个开展"占10%。

2. 班组危险预知活动

（1）危险预知活动介绍。班组危险预知活动是日本中央劳动灾害防御协会于1973年提出"零事故运动"的支柱，目前在亚太地区一些国家和地区的企业广泛推进，效果明显。人们走进开展这项活动的企业，就会感到一股安全文化的气息和氛围，其车间的墙上、黑板以及班组活动场所，到处都标识着作业场所的危险及其控制信息。我国也有一些企业正在开展，如上海宝山钢铁（集团）公司等，已在班组全面推广，企业的伤亡事故得到明显控制，全员安全意识有了很大提高。

危险预知活动是班组开展安全文化建设、查找事故隐患的行之有效的方式，是控制人为失误、提高职工安全意识和安全技术素质、落实安全操作规程和岗位责任制、进行岗位安全教育、真正实现"三不伤害"的重要手段。该活动由班组长或作业负责人主持，利用安全活动时间或班前较短的时间，发动班组成员进行群众性的危险预测预防活动。

危险预知活动分危险预知训练和班前五分钟活动两步骤进行。前一阶段主要是查找危险因素，制定预防措施；后一阶段重点落实预防措施。

（2）危险预知活动内容。通过危险预知活动，应明确以下几个问题：

1）作业地点、作业人员、作业时间。

2）作业现场状况。

3）事故原因分析。

4）潜在事故模式。

5）危险控制措施。

（3）危险预知活动需注意的问题。

1）加强指导。根据危险源辨识结果，拟定班组危险预知活动计划，并将实施结果纳入考评内容。

2）班组长准备。活动前要求班组长对活动的主要内容进行初步准备，以便活动时心中有数，进行引导性发言，提高活动质量。

3）全员参加。充分发挥集体智慧，调动群众积极性，使大家在活动中受到教育。危险预知活动应在活跃的气氛中进行，不能一言堂；应让所有组员有充分发表意见的机会。

危险预知活动分为四个阶段：①发现问题；②研究重点；③提出措施；④制定对策。

4）活动形式直观、多样。班组长可结合岗位作业状况，画一些作业示意图，便于大家分析讨论。

5）做好危险预知活动记录表的审查和整理。预知活动进行到一定阶段，车间应组织有关人员参加座谈会，对活动内容进行系统审查、修改和完善，归纳形成教材，作为班前五分钟活动的依据。

（4）危险预知活动的应用。班前五分钟活动是预知活动在实际生产作业中的应用，由班组长或作业负责人组织从事该项作业的班组成员在作业现场利用较短时间进行安全提示，要求班组成员根据危险预知活动提出的内容，对人员、工具、环境、对象进行"四确认"，并将控制措施逐项落实到人。

第四计
生产现场多危险
规范管理可避免

——充分发挥现场安全管理

- - - - - - - - -

第一招
违章早纠正　事故难发生

——杜绝习惯性违章

一、习惯性违章行为的表现形式和特点

　　所谓习惯性违章，是指职工在较长时期内逐渐养成的不按章程办事的习惯性违章指挥、违章操作和违反劳动纪律的行为。据有关资料统计，各类事故的直接原因，绝大多数是由于违章所致。因而，采取得力措施制止和减少习惯性违章行为，可避免和减少各类事故的发生。

　　1. 习惯性违章的表现形式

　　违章包括无知违章和故意违章。无知违章是因为缺乏或不懂有关安全技术、操作技能而造成的；故意违章是属于缺乏约束自己的能力，明知不符合安全规章却偏偏要干或无法控制自己而造成的。无论是无知违章还是故意违章，如果得不到及时发现和纠正，违章就会逐渐变成习惯性违章。习惯性违章有下列几种表现形式：

（1）不懂装懂型。对岗位安全技术操作规程不认真学习，一知半解，意识不到自己的违章行为，长此以往即形成了习惯性违章。

（2）明知故犯型。熟知安全操作规程，但在作业中图省事，怕麻烦，养成违章习惯。

（3）胆大冒险型。这种人把违章行为当成是英雄主义，别人不敢干的他敢干，随心所欲。

（4）盲目从众型。在生产过程中，明知是违章行为，但认为法不责众，别人干没出事，自己随大流也不会出事，意识不到事故隐患和危险的存在。

（5）心存侥幸型。明知是违章操作，却存在侥幸心理，认为一次违章作业不一定会出事故。

（6）不拘小节型。粗心大意，不拘小节，习惯成自然，对待安全生产也不例外。

（7）急功近利型。有些人进入工作地点后，拿起工具就干活，不管有无防范措施。

（8）得过且过型。这种人无所用心，得过且过，什么安全、隐患全不放在心上，完成生产任务就心满意足了。

2. 习惯性违章的特点

（1）隐蔽性。由于违章成为习惯，操作人员往往对自己的违章行为浑然不知。安全管理人员甚至也对这种操作习以为常，使习惯性违章不能得到及时发现和纠正。

（2）长期性。违章行为由来已久成为习惯，习惯性违章往往被认为是正确的操作得以继续。

（3）危害性。习惯性违章往往是最终导致了事故的发生才足以引起人们的重视，因此具有很大的危害性。

（4）普遍性。"三违"行为存在的范围相当广泛，具有普遍性，各工种、各岗位普遍存在，工人中有，管理人员中也有。

（5）随意性。违章人员法制观念淡薄，安全基础知识不足，自我保护意识差，存在严重的侥幸心理。在行动上表现出随意性，按照自己的意志行事，不考虑后果。

（6）反复性。同一类型的事故在不同单位反复出现，同样的违章行为在同一单位、同一个人员身上，只要不造成严重后果，也会重复出现。有的违章行为即使带来了严重后果，但同类型的违章现象在其他人身上仍然会发生。

（7）不可预测性。任何事故的发生都是人、物、环境等诸多因素综合作用的结果。但是，由于作业人员多、工作环境千变万化，人的行为还要受情绪、家庭、经济、上下级关系等多方面因素的影响，当各种因素的综合作用对人有正面效应时，则可能遵章作业，反之则可能出现违章。

二、习惯性违章的成因

习惯性违章容易使人对安全生产产生麻痹思想，因为并非每次违章都能带来严重后果，久而久之，就会淡化"安全第一"的思想，进而使工作制度、组织纪律、工程质量等出现滑坡，最终造成各类伤亡事故及重大恶性事故的发生。

从历史原因来看，多数人对所发生的事故原因分析不清，对习惯性违章的危害认识不足，认为安全规程在操作中没有实际意义，因而遵守和执行起来不够认真与规范。从社会原因分析，一些职工在特定的社会环境里养成的不良习惯，是产生习惯性违章的一个重要因素。从心理原因来看，固有的操作方法是形成习惯性违章的重要原因，因为这些旧的做法已操作自如，要掌握新的操作方法和工艺就必须费心费力，在这种新旧交替过程中很容易导致习惯性违章行为。

1. 习惯性违章的主观因素

人的行为是人内在心理的反映，违章的行为来源于违章的心理。

（1）侥幸心理。认为在现场工作时，严格按照规章制度操作过于烦琐或机械，即使偶尔出现一些违章行为也不会造成事故。

（2）取巧心理。在作业现场，一些作业人员为贪图方便、怕辛苦，往往不遵守操作规程，擅自将几项操作内容自行合并，不办理工作票或未采取安全措施就开工，操作中不使用安全用具。

（3）逐利心理。个别作业人员（特别是在计件、计量工作中）为了追求高额计件工资、高额奖金等，将操作程序或规章制度抛在脑后，违章操作，盲目加快操作进度。

（4）偷懒心理。认为多一事不如少一事，多操作多做事就容易出事，所以不愿意认真学习专业知识和操作技能，操作中班组长或负责人让干什么就干什么，敷衍了事。

（5）逞能心理。作业人员在生产现场作业时，想当然、自以为是、盲目操作，部分作业人员自持技术高人一筹，逞能蛮干，造成事故。

（6）自负心理。操作过程中出现故障或异常情况时，不是停止操作进行认真检查，而是自以为是，强行操作。

（7）从众心理。班组长或安全员违章，或班组内有人违章没有出现问题，大家就会对违章违纪习以为常，自己也就跟着别人违章违纪。

（8）盲从心理。培训过程中，师傅可能将一些习惯性违章行为也传授给了徒弟，徒弟如果不加辨识，全盘接受，就成为习惯性违章行为的继承者和传播者。

2. 习惯性违章的客观因素

实际工作中，外界因素也能诱发职工违章行为。

（1）工器具设计不合理。作业人员使用的工器具或防护用品设计不合理，是引发违章操作的一个重要原因。由于职工在使用过程中感到别扭，导致他们不愿意佩戴或使用。例如一些安全帽不具备透气功能，在炎热的气候条件下，职工佩戴此类安全帽在露天作业时容易出现中暑现象。

（2）作业环境不适。作业环境不适宜工人操作也是引发违章违纪操作的一个重要原因，例如工作现场的噪声、高温、高湿度、臭气等使人难以忍受，导致工人急于避开那个环境；或者作业空间过于狭小，难以按规程作业等。

（3）生产管理不善。管理上的缺陷，是潜在的事故隐患。安全管理不善具体表现在以下方面：

1）生产组织不当。班组长在组织生产、安排班组成员时，由于安排不当使班组成员间产生人际纠葛，致使相互间配合不好，信息不通，从而导致责任事故的发生。某供电局就发生过一起因工作安排不当造成的恶性误操作事故，当时变电站班长与某值班员发生了激烈的语言冲突，冲突稍平息后班长就安排该值班员操作，值班员带着满腔的怒火去操作，结果走错位置，造成严重伤害。

2）生产管理不当。班组长和安全员不仅要管理好职工，还应管理好班组的工器具，否则，职工使用了存在质量问题或过期而失效的工器具，很容易造成伤害事故。

3）违章指挥。班组长或安全员自身素质不高，工作中违章指挥，甚至带头违章，其影响相当恶劣。

4）工作作风不实。班组长和安全员工作作风不实，容易造成"上行下效"和"上有政策，下有对策"的恶果，是产生习惯性违章的温床。

（4）职工素质偏低。由于很多职工文化层次低，学习和掌握专业知识就存在一定困难，从而对企业的章程理解不透，容易出现违章，甚至出现了违章却不知其违章。

（5）生产条件较差。由于生产场所的条件差，影响职工的工作情绪，从而出现违章行为。

三、控制习惯性违章的对策

搞好安全生产，关键在人，要控制人的违章行为首先要控制人的违章行为的动机。人的违章行为的动机受一系列主客观因素的作用和影响，因此，需要对影响遵章守纪的一系列主客观因素进行动态的控制和管理。

1. 加强安全教育

（1）组织对安全规章制度的学习。首先，加强对班组长和安全员的培训，班组长和安全员是最直接的现场操作监控人员，他们对安全规章制度的掌握程度，决定了安全规章制度是否能得以贯彻。其次，加强全员安全培训，通过班组安全活动，利用提问的方式，加深岗位操作人员对安全规章制度的认识，可以按以下几个步骤提问：①你是怎样操作的？②这样操作是否符合安全规章制度？③不符合部分有哪些危险性？④安全规章制度能否改进？这种安全教育形式不仅使岗位工人知道安全规章制度是怎样规定的，而且知道为什么这样规定。

（2）培养遵守规章制度的自觉性。安全意识教育是提高职工安全素质、实现安全生产的重要措施。因此，必须加大安全教育力度，营造一个"以人为本、珍惜生命、关爱健康"的安全文化氛围。利用安全宣传园地、画展、录像等多种形式，学习安全知识，并常抓不懈，强化职工安全生产的忧患意识，帮助职工从反面典型事例中吸取教训，消除习惯性违章行为，增强遵章守纪的自觉性。同时，建立班组、车间以及企业内部的作业现场违章违纪检查、评比、公布制度，设立违章违纪曝光栏，定期公布违章行为，营造一种遵章守纪光荣、违章违纪可耻的氛围，形成强有力的群众监督机制。

2. 加强岗位技术培训

为提高职工安全操作技能，必须把职工岗位技能培训当作一件大事来抓，有计划、经常性地对职工进行岗位技能培训，针对各岗位生产实际广泛开展岗位练兵活动，以提高职工的安全技术、操作水平和事故状态下的应急处理能力，杜绝各类违章操作事故的发生。

3. 加强作业过程安全监控

安全员应对生产过程中的每一个环节进行现场监督，特别是对一些较为危险的作业环节要进行全过程的监控。监控前应熟知该作业环节的安全操作规程，监控中应对这些环节进行危险分析，发现违章行为必须坚决及时地制止。

4. 以标准化作业规范职工的操作行为

标准化作业是加强"三基"（基层、基础、基本功）工作的重要手段，是落实岗位责任制和各项规章制度的具体表现。实施标准化作业的目的是实现安全生产，提高效率，规范作业人员的操作行为，最终达到避免和杜绝由违章作业而导致的各类事故。

5. 完善安全约束机制

制定合理的考核机制，不能只重结果，更应注重过程。如果只重结果，奖励无事故单位，而"无事故"的背后，可能有很多违章行为的存在，违章可以得奖，这无疑是对违章行为的强化。因此，必须把执行安全规章制度的行为纳入考核范围，违章就要受到严惩，这样就强化了执行安全规章制度的意识，有利于促进安全生产。

第二招
慧眼识隐患　消除保安全
——会进行危险隐患辨识与排查

一、作业场所危害因素的种类

1. 按严重程度分类

包括正常、异常、紧急情况，正常情况是指正常的生产或工作状态；异常情况是指在生产活动试运行、停开工、检修以及发生故障时的情况；紧急情况是指火灾、爆炸等不可预见何时发生，可能带来的重大风险的情况。

2. 按照危害类型分类

（1）机械危害，指造成人体挫伤、扎伤、压伤、倒塌压埋伤、割伤擦伤、骨折、撕脱伤、扭伤、切割伤、冲击伤等危害。

（2）物理危害，指造成人体辐射、冻伤、烧伤、烫伤、中暑等危害。

（3）生物性危害，指病毒、有害细菌、真菌等生物对人体造成突发病、感染等危害。

（4）人机工程危害，指不适宜的作业方式、作息时间、作业环境等引起的人体过度疲劳的危害。

（5）化学危害，指各种有毒有害化学品的挥发、泄漏所造成的人员伤害及设备损坏等危害。

（6）行为性危害，指不遵守安全法律法规，违章指挥、违章作业、违反劳动纪律所造成的人员伤害、设备损坏等危害。

二、危害因素辨识的方法

方法是辨识危险因素的工具，许多系统安全分析、评价方法都可用来辨识危害因素。选用哪种辨识方法，要根据分析对象的性质、特点、年龄以及分析人员的知识、经验和习惯来确定。常用的危害因素辨识方法大致可分为直观经验法和系统安全分析方法两大类。

1. 直观经验法

直观经验法适用于有可供参考先例、有以往经验可以借鉴的危害辨识过程，不能应用在没有可供参考先例的新系统中。直观经验法又可分为对照经验法和类比方法。

（1）对照经验法。对照有关标准、法规、检查表，依靠分析人员的经验和判断能力，直观地评价对象的危险性和危害性的方法。对照经验法是危害辨识常用的方法，其优点是简单、易行，缺点是受辨识人员知识、经验和占有资料的限制，可能出现遗漏。为弥补个人判断的不足，常采取专家会议的方式来相互启发、交换意见、集思广益，使危害因素的辨识更加细致、具体。

对照事先编制的检查表辨识危害因素，可弥补知识、经验的不足，具有方便、实用、不易遗漏的优点，但所用的检查表必须具有针对性，表中所列的检查项目应包括主要危害因素。因此，检查表必须在丰富实践经验的基础上编制而成。

（2）类比方法。利用相同或相似系统或作业条件的经验和职业安全卫生的统计资料来类推、分析评价对象的危害因素。

2. 系统安全分析方法

应用系统安全工程评价的方法进行危害因素辨识。系统安全分析方法常用于复杂系统、没有事故经验的新开发系统。常用的系统安全分析方法有事件树（ETA）、事故树（FTA）等。

三、危害因素辨识的途径

1. 辨识危害因素的途径

辨识危害因素，就是把运行系统、设备和设施存在的缺陷和危害因素以及工作过程中人的不安全行为（包括习惯性违章）查找出来。主要从以下几个方面查找：

（1）从本企业、本车间、本班组已发生过的事故中，吸取经验教训，分析工作岗位的安全现状，检查判断是否存在发生事故的可能性，找出尚未觉察到的事故隐患。

（2）对本企业、本车间、本班组未遂事件进行分析，检查工作岗位是否存在着潜在的危险因素，检查事故预防措施是否真正落实。

（3）将职工的各种习惯性违章行为逐一列出，与操作规程对照，提出具体整改措施。

2. 辨识危害因素的内容

辨识危害因素是抓好安全工作的重要手段，其重点是查找"后天"性隐患，其主要内容有以下方面：

（1）运行设备、系统有无异常情况，如振动、声响、温升、磨损、腐蚀、渗漏等。

（2）设备的各种保护，如电气保护、自动装置、热工保护、机械保护装置等是否正常投运，动作是否准确、灵敏，是否进行定期校验。

（3）运行设备、检修设备的安全措施、安全标志是否符合有关规定和标准的要求。

（4）危险品的储存、易燃物品的保管和领用是否存在隐患，动火作业是否按有关规定进行。

（5）作业场所的粉尘浓度是否达到工业卫生的控制标准，防尘设施是否正常投用；有毒有害气体排放点的通风换气装置是否正常投用。

（6）现场的井、坑、孔、洞、栏杆、围栏、转动装置的防护罩是否符合规定要求；脚手架、平台、扶梯是否符合设计标准。

（7）作业场所照明是否充足，是否按规定使用低压安全灯。

（8）班组成员在作业时是否正确使用个人防护用品，工作中有无习惯性违章行为。

（9）班组成员是否按规定使用安全工器具，是否对其进行定期检查试验。

由于各工种作业的性质不同，查找隐患的重点也不尽相同。为了便于开展自查活动，可根据查找隐患的原则要求，结合生产作业实际，制订班组的安全检查表，上报车间。车间把相同或相似工种班组的安全检查表进行汇总、整理，上报企业，由企业有关部门组织工会、安全技术部门、生产技术部门进行审核，确认后颁发给各班组。班组即可按照安全检查表中所列的检查项目一一检查对照，认定隐患和研究消除措施。

查找隐患可以按每周（旬）、月、季等几种周期进行，对查找出的事故隐患如实登记，及时上报车间。所填写的登记表应包括如下内容：隐患登记时间、隐患项目名称、隐患地点、隐患类型、隐患危险等级、整改方案等。事故隐患危险等级一般分为五级：

一级，不能继续作业，必须停产整改；二级，高度危险，必须立即整改；三级，显著危险，限期整改；四级，可能危险，需要整改；五级，危险性不确定，需要注意监视。

四、危害因素治理的原则和措施

1. 危害因素治理的原则

（1）彻底消除原则。即采用无危险的设备和技术进行生产，实现系统的本质安全。这样，即使人出现操作失误或个别部件发生故障，都会因有完善的安全保护装置而避免伤亡事故的发生。

（2）降低危害的严重程度原则。若危害因素由于某种原因一时无法消除时，应使危害因素的严重程度降低到人可以接受的水平。如作业场所中的粉尘不能完全排除时，可通过加强通风和使用个人防护用品，达到降低吸入量的目的。

（3）屏蔽和时间防护原则。屏蔽就是在危害作用的范围内设置障碍，如吸收放射线的铅屏蔽等。时间防护就是使人处在危害作用环境中的时间尽量缩短到安全限度之内，如国家已明确规定了噪声达到某一数值时，职工在此作业环境中的工作时间等。

（4）距离和不接近原则。对带电体应保持一定的距离，为此，规定了各级电压的安全距离。对于危险因素作用的地带，一般人员不得擅自进入。

（5）取代、停用原则。对无法消除危害因素的作业场所，应采用自动控制装置或机器代替人进行操作，人远离现场进行遥控；或者停用设备，如离带电体安全距离不足时，采用停电方式进行检查。

2. 危害因素治理的措施

（1）技术措施。主要包括：采用自动化、机械化作业；完善安全装置，如安全闭锁装置、紧急控制装置，按规定设置安全护栏、围板、护罩等；电气设备的接地、断路、绝缘；作业场所必需的通风换气，足够的照明，必要的遮光；符合规定要求的个人防护用品；危险区域或设备上设置警告标志。

（2）管理措施。强化现场监督，建立安全流动岗哨；实现标准化作业，规范操作人员的安全行为；开展"三不伤害"活动；坚持安全确认制，如操作前确认、开工前确认、危险作业安全确认；推广安全文化，提高安全意识，加大安全技能训练；实施安全目标管理；奖优罚责（事故责任者）。

（3）个人措施。操作人员在操作前要进行自我安全"考问"，即每一个操作者在进入现场工作前，首先进行自我安全提问，自我安全思考，考虑在作业过程中，"物"会不会发生危险，如出现坠落、倒塌、爆炸、泄漏、倾斜等危险；发生这些危险后，自己会不会受到伤害，如会不会被夹住、被物体打击、被卷入、烧伤、触电、中毒、窒息等。其次进行自我责任思考，考虑万一发生事故，自己应该怎样做，如何将事故的危害程度和损失降至最低。

第三招
现场要整洁 规范执行严

—— 推进 5S 现场管理

1. 5S 简介

5S 现场管理法是现代企业管理模式，即整理（SEIRI）、整顿（SEITON）、清扫（SEISO）、清洁（SEIKETSU）、素养（SHITSUKE），又被称为"五常法则"或"五常法"。

2. 推行 5S 目的

推行 5S 最终要达到八大目的。

（1）改善和提高企业形象。整齐、整洁的工作环境，容易吸引顾客，让顾客心情舒畅；同时，由于口碑的相传，企业会成为其他公司的学习榜样，从而能大大提高企业的威望。

（2）促成效率的提高。良好的工作环境和工作氛围，再加上很有修养的合作伙伴，员工们可以集中精神，认认真真地干好本职工作，必然就能大大地提高效率。

（3）改善零件在库周转率。需要时能立即取出有用的物品，供需间物流通畅，就可以极大地减少那种寻找所需物品时所滞留的时间。因此，能有效地改善零件在库房中的周转率。

（4）减少直至消除故障，保障品质。优良的品质来自优良的工作环境。工作环境，只有通过经常性的清扫、点检和检查，不断地净化工作环境，才能有效地避免污损东西或损坏机械，维持设备的高效率，提高生产品质。

（5）保障企业安全生产。整理、整顿、清扫，必须做到储存明确，东西摆在定位上，物归原位，工作场所内都应保持宽敞、明亮，通道随时都是畅通的，地上不能摆设不该放置的东西，工厂有条不紊，意外事件的发生自然就会相应地大为减少，当然安全就会有了保障。

（6）降低生产成本。一个企业通过实行或推行 5S，它就能极大地减少人员、设备、场所、时间等这几个方面的浪费，从而降低生产成本。

（7）改善员工的精神面貌，使组织活力化。员工都有尊严和成就感，对自己的工作尽心尽力，并带动改善意识形态。

（8）缩短作业周期，确保交货。推动 5S，通过实施整理、整顿、清扫、清洁来实现标准的管理，企业的管理就会一目了然，使异常的现象很明显化，人员、设备、时间就不会造成浪费。企业生产能相应地非常顺畅，作业效率必然就会提高，作业周期必然相应地缩短，确保交货日期万无一失。

3．5S 实施方法

（1）整理。区分要与不要的物品，现场只保留必需的物品。

目的：①改善和增加作业面积；②现场无杂物，行道通畅，提高工作效率；③减少磕碰的机会，保障安全，提高质量；④消除管理上的混放、混料等差错事故；⑤有利于减少库存量，节约资金；⑥改变作风，提高工作情绪。

意义：把要与不要的人、事、物分开，再将不需要的人、事、物加以处理，对生产现场的现实摆放和停滞的各种物品进行分类，区分什么是现场需要的，什么是现场不需要的；然后对于车间里各个工位或设备的前后、通道左右、厂房上下、工具箱内外，以及车间的各个死角，都要彻底搜寻和清理，达到现场无不用之物。

（2）整顿。需品依规定定位、定方法摆放整齐有序,明确标示。

目的：不浪费时间寻找物品，提高工作效率和产品质量，保障生产安全。

意义:把需要的人、事、物加以定量、定位。通过前一步整理后，对生产现场需要留下的物品进行科学合理的布置和摆放，以便用最快的速度取得所需之物，在最有效的规章、制度和最简洁的流程下完成作业。

（3）清扫。清除现场内的脏污、清除作业区域的物料垃圾。

目的：清除"脏污"，保持现场干净、明亮。

意义：将工作场所之污垢去除，使异常之发生源很容易发现，是实施自主保养的第一步，主要是在提高设备"稼动率"（指设备在所能提供的时间内为了创造价值而占用的时间所占的比重）。

（4）清洁。将整理、整顿、清扫实施的做法制度化、规范化，维持其成果。

目的：认真维护并坚持整理、整顿、清扫的效果，使其保持最佳状态。

意义：通过对整理、整顿、清扫活动的坚持与深入，从而消除发生安全事故的根源。创造一个良好的工作环境，使职工能愉快地工作。

（5）素养。人人按章操作、依规行事，养成良好的习惯，使每个人都成为有素质的人。

目的：提升人的品质，培养对任何工作都讲究认真的人。

意义：努力提高员工的自身修养，使员工养成良好的工作、生活习惯和作风，让员工能通过实践 5S 获得人身境界的提升，与企业共同进步，是 5S 活动的核心。

4. "5S"活动的开展

开展"5S"活动，营造一个清洁、整齐、宽敞、明亮的工作环境，不仅能使物流一目了然，大大提高现场作业的安全性，而且能提升职工的归属感，形成自觉按要求生产作业、按规定使用保养工器具的良好习惯。要开展好"5S"活动，应把握以下两点：

（1）依靠职工的力量。充分发挥职工的能动性，自己动手创造一个整齐、清洁、方便、安全的工作环境。由于身处自己创造的良好工作环境之中，职工更知珍惜和保持，逐渐养成遵章守纪、严格要求的风气和习惯。

（2）活动要持之以恒。开展"5S"活动，短时间内可以取得明显的效果，但要长期坚持下去，不断深入，就不太容易了。因此，开展"5S"活动，贵在坚持。为此，应将"5S"活动纳入岗位责任制，使每一位职工都有明确的岗位责任和工作标准；搞好检查、评比和考核工作，针对问题，加以改进，使活动不断深入开展下去。

第五计
事态紧急莫慌张
合理处置有良方
——掌握事故急救与逃生技巧

第一招
急救要趁早　争分又夺秒
——掌握常用的急救方法

一、心肺复苏法

当心跳呼吸骤停后，循环呼吸即告终止。在呼吸循环停止后4～6 min，脑组织即可发生不易逆转的损伤；心跳停止10 min后，脑细胞基本死亡。所以必须争分夺秒，采用心肺复苏法（人工呼吸和胸外心脏挤压）进行现场急救。

1. 人工呼吸的操作方法

当呼吸停止、心脏仍然跳动或刚停止跳动时，用人工的方法使空气进出肺部，供给人体组织所需要的氧气，称为人工呼吸法。

采用人工的方法来代替肺的呼吸活动，可及时而有效地使气体有节律地进入和排出肺脏，维持通气功能，促使呼吸中枢尽早恢复功能，使处于"假死"的伤员尽快脱离缺氧状态，恢复人体自动呼吸。因此，人工呼吸是复苏伤员的一种重要的急救措施。

人工呼吸法主要有两种，一种是口对口人工呼吸法，即让伤员仰面平躺，救护者跪在伤员一侧，一手将伤员下颌合上并向后托起，使伤员头部尽量后仰，以保持呼吸道畅通。另一手捏紧伤员的鼻孔（避免漏气），并将手掌外缘压住额部。深吸一口气后，对准伤员的口，用力将气吹入。同时仔细观察伤员的胸部是否扩张隆起，以确定吹气是否有效和吹气是否适度。当伤员的前胸壁扩张后，停止吹气，立即放松捏鼻子的手，并迅速移开紧贴的口，让伤员胸廓自行弹回呼出空气。此时注意胸部复原情况，倾听呼气声，如吹气时伤员胸壁扩张，吹气停止后伤员口鼻有气流呼出，表示有效。重复上述动作，并保持一定的节奏，每分钟均匀地做 16 ~ 20 次，直至伤员自主呼吸为止。

另一种是口对鼻吹气法。如果伤员牙关紧闭不能撬开或口腔严重受伤时，可用口对鼻吹气法。用一手闭住伤员的口，以口对鼻吹气。

2. 胸外心脏挤压的操作方法

若感觉不到伤员脉搏，说明心跳已经停止，需立即进行胸外心脏挤压。具体做法是：让伤员仰卧在地上，头部后仰偏；抢救者跪在伤员身旁或跨跪在伤员腰的两旁，用一手掌根部放在伤员胸骨下 1/3 ~ 1/2 处，另一手重叠于前一手的手背上；两肘伸直，借自身体重和臂、肩部肌肉的力量，急促向下压迫胸骨，使其下陷 3 ~ 4 cm；挤压后迅速放松（注意掌根不能离开胸壁），依靠胸廓的弹性，使胸骨复位。此时心脏舒张，大静脉的血液就回流到心脏。反复地有节律地进行挤压和放松，每分钟 60 ~ 80 次。在挤压的同时，要随时观察伤员的情况。如能摸到颈动脉和股动脉等搏动，而且瞳孔逐渐缩小，面有红润，说明心脏挤压已有效，即可停止。

3. 进行心肺复苏时要注意的问题

（1）实施人工呼吸前，要解开伤员领扣、领带、腰带及紧身衣服，必要时可用剪刀剪开，不可强撕强扯。清除伤员口腔内的异物，如黏液、血块等；如果舌头后缩，应将舌头拉出口外，以防堵塞喉咙，妨碍呼吸。

（2）口对口吹气的压力要掌握好，开始可略大些，频率也可稍快些，经过 10 ~ 20 次人工吹气后逐渐降低压力，只要维持胸部轻度升起即可。

（3）进行胸外心脏挤压抢救时，抢救者掌根的定位必须准确，用力要垂直适当，要有节奏地反复进行。防止因用力过猛而造成继发性组织器官的损伤或肋骨骨折。

（4）挤压频率要控制好，有时为了提高效果，可加大频率，达到每分钟 100 次左右。抢救工作要持续进行，除非断定伤员已复苏，否则在伤员没有送达医院之前，抢救不能停止。

一般来说，心脏跳动和呼吸过程是相互联系的，心脏跳动停止了,呼吸也将停止;呼吸停止了,心脏跳动也持续不了多久。因此，通常在做胸外心脏挤压的同时，进行口对口人工呼吸，以保证氧气的供给。一般每吹气一次，挤压胸骨 3 ~ 4 次；如果现场仅一人抢救，两种方法应交替进行：每吹气 2 ~ 3 次，就挤压 10 ~ 15 次，也可将频率适当提高一些，以保证抢救效果。

二、止血法和包扎法

人体在突发事故中引起的创伤，如割伤、刺伤、物体打击和辗伤等，常伴有不同程度的软组织和血管的损伤，造成出血征象。一般来说，一个人的全身血量在 4 500 mL 左右。出血量少时，一般不影响伤员的血压、脉搏变化；出血量中等时，伤员就有乏力、头昏、胸闷、心悸等不适，有轻度的脉搏加快和血压轻度的降低；

若出血量超过 1 000 mL，血压就会明显降低，肌肉抽搐，甚至神志不清，呈休克状态，若不迅速采取止血措施，就会有生命危险。

1. 常用止血方法及适用部位

常用的止血方法主要是压迫止血法、止血带止血法、加压包扎止血法和加垫屈肢止血法等。

（1）压迫止血法。这是一种最常用、最有效的止血方法，适用于头、颈、四肢动脉大血管出血的临时止血。当一个人负伤流血以后，只要立刻用手指或手掌用力压紧伤口附近靠近心脏一端的动脉跳动处，并把血管压紧在骨头上，就能很快起到临时止血的效果。

若头部前面出血时，可在耳前对着下颌关节点压迫颞动脉；头部后面出血时，应压迫枕动脉止血，压迫点在耳后乳突附近的搏动处。颈部动脉出血时，要压迫颈总动脉，此时可用手指按在一侧颈根部，向中间的颈椎横突压迫，但绝对禁止同时压迫两侧的颈动脉，以免引起大脑缺氧而昏迷。上臂动脉出血时，压迫锁骨上方，胸锁乳突肌外缘，用手指向后方第一肋骨压迫。前臂动脉出血时，压迫肱动脉，用四个手指掐住上臂肌肉并压向臂骨。大腿动脉出血时，压迫股动脉，压迫点在腹股沟皱纹中点搏动处，用手掌向下方的股骨面压迫。

（2）止血带止血法。适用于四肢大出血。用止血带（一般用橡皮管橡皮带）绕肢体绑扎打结固定。上肢受伤可扎在上臂上部1/3处；下肢扎于大腿的中部。若现场没有止血带，也可以用纱布、毛巾、布带等环绕肢体打结，在结内穿一根短棍，转动此棍使带绞紧，直到不流血为止。在绑扎和绞止血带时，不要过紧或过松。过紧造成皮肤或神经损伤；过松则起不到止血的作用。

（3）加压包扎止血法。适用于小血管和毛细血管的止血。先用消毒纱布或干净毛巾敷在伤口上，再垫上棉花，然后用绷带紧紧包扎，以达到止血的目的。若伤肢有骨折，还要另加夹板固定。

（4）加垫屈肢止血法。多用于小臂和小腿的止血，它利用肘关节或膝关节的弯曲功能，压迫血管达到止血目的。在肘窝或腘窝内放入棉垫或布垫，然后使关节弯曲到最大限度，再用绷带把前臂与上臂（或小腿与大腿）固定。

如果创伤部位有异物不在重要器官附近，可以拔出异物，处理好伤口。如无把握就不要随便将异物拔掉，应立即送医院，经医生检查，确定未伤及内脏及较大血管时，再拔出异物，以免发生大出血措手不及。

2. 常用包扎法及适用部位

有外伤的伤员经过止血后，就要立即用急救包、纱布、绷带或毛巾等包扎起来。及时、正确的包扎，既可以起到止血的作用，又可保持伤口清洁，防止污物进入，避免细菌感染。当伤员有骨折或脱臼时，包扎还可以起到固定敷料和夹板的作用，以减轻伤员的痛苦，并为安全转送医院救治打下良好的基础。

（1）绷带包扎。主要有：环形包扎法，适用于颈部、腕部和额部等处，绷带每圈须完全或大部分重叠，末端用胶布固定，或将绷带尾部撕开打一活结固定；螺旋包扎法，多用于前臂和手指包扎，先用环形法固定起始端，把绷带渐渐斜旋上缠或下缠，每圈压前圈的一半或1/3，呈螺旋形，尾端在原位缠两圈予以固定；"8"字包扎法，多用于肘、膝、腕和踝等关节处，包扎是以关节为中心，从中心向两边缠，一圈向上，一圈向下地包扎；回转包扎法，用于头部的包扎，自右耳上开始，经额、左耳上，枕外粗隆下，然后回到右耳上始点，缠绕两圈后到额中时，将带反折，用左手拇指、食指按住，绷带经过头顶中央到枕外粗隆下面，由伤员或助手按住此点，绷带在中间绷带的两侧回返，直到包盖住全头部，然后缠绕两圈加以固定。

（2）三角巾包扎。主要有：头部包扎法，将三角巾底边折叠成两指宽，中央放于前额并与眼眉平齐，顶尖拉向脑后，两底角拉紧，经两耳的上方绕到头的后枕部打结，如三角巾有富裕，在此交叉再绕回前额结扎；面部包扎法，先在三角巾顶角打一结，套在下颌处，罩于头面部，形似面具，底边拉向后脑枕部，左右角拉紧，交叉压住底边，再绕至前额打结，包扎后，可根据情况，在眼、口处剪开小洞；上肢包扎法，上臂受伤时，可把三角巾一底角打结后套在受伤的那只手臂的手指上，把另一底角拉到对侧肩上，用顶角缠绕伤臂并用顶角上的小布带结扎，然后把受伤的前臂弯曲到胸前，成近直角形，最后把两底角打结；下肢包扎法，膝关节受伤时，应根据伤肢的受伤情况，把三角巾折成适当宽度，使之成为带状，然后把它的中段斜放在膝的伤处，两端拉向膝后交叉，再缠绕到膝前外侧打结固定。

3. 止血和包扎时要注意的问题

（1）采用压迫止血法时，应根据不同的受伤部位，正确选择指压点；采用止血带止血时，注意止血带不能直接和皮肤接触，必须先用纱布、棉花或衣服垫好。每隔 1 h 松解止血带 2 ～ 3 min，然后在另一稍高的部位扎紧，以暂时恢复血液循环。

（2）扎止血带的部位不要离出血点太远，以免使更多的肌肉组织缺血、缺氧。严重挤压的肢体或伤口远端肢体严重缺血时，禁止使用止血带。

（3）包扎时要做到快、准、轻、牢。"快"就是包扎动作要迅速、敏捷、熟练；"准"就是包扎部位要准确；"轻"就是包扎动作要轻柔，不能触碰伤口，打结也要避开伤口；"牢"就是要牢靠，不能过紧或过松，过紧会妨碍血液流动，影响血液循环，过松容易造成绷带脱落或移动。

（4）头部外伤和四肢外伤一般采用三角巾包扎和绷带包扎。如果抢救现场没有三角巾或绷带，可利用衣服、毛巾等物代替。

（5）在急救中，如果伤员出现大出血或休克情况，则必须先进行止血和人工呼吸，不要因为忙于包扎而耽误了抢救时间。

4. 眼睛受伤急救

发生眼伤后，可做如下急救处理：

（1）轻度眼伤如眼进异物，可让现场同伴翻开眼皮用干净手绢、纱布将异物拨出。如眼中溅进化学物质，要及时用水冲洗。

（2）严重眼伤时，可让伤者仰躺，施救者设法支撑其头部，并尽可能使其保持静止不动，千万不要试图拔出插入眼中的异物。

（3）见到眼球鼓出或从眼球脱出的东西，不可把它推回眼内，这样做十分危险，可能会把能恢复的伤眼弄坏。

（4）立即用消毒纱布轻轻盖上，如没有纱布可用刚洗过的新毛巾覆盖伤眼，再缠上布条，缠时不可用力，以不压及伤眼为原则。

做出上述处理后，立即送医院再做进一步的治疗。

三、断肢（指）与骨折处理方法

1. 断肢（指）处理

发生断肢（指）后，除做必要的急救外，还应注意保存断肢（指），以求进行再植。保存的方法是：将断肢（指）用清洁纱布包好，放在塑料袋里。不要用水冲洗断肢（指），也不要用各种溶液浸泡。若有条件，可将包好的断肢（指）置于冰块中，冰块不能直接接触断肢指。然后将断肢（指）随伤员一同送往医院。

在工作中如果发生手外伤时，首先采取止血包扎措施。如有断手、断肢要立即拾起，把断手用干净的手绢、毛巾、布片包好，放在没有裂缝的塑料袋或胶皮带内，袋口扎紧。然后在口袋周围放冰块雪糕等降温。做完上述处理后，救护人员立即随伤员把断肢迅速送往医院，让医生进行断肢再植手术。切忌在断肢上涂碘酒、酒精或其他消毒液，否则会使组织细胞变质，造成不能再植的严重后果。

2. 骨折的固定方法

骨骼受到外力作用时，发生完全或不完全断裂时叫作骨折。按照骨折端是否与外相通，骨折分为两大类，即闭合性骨折与开放性骨折。前者骨折端不与外界相通，后者骨折端与外界相通。从受伤的程度来说，开放性骨折一般伤情比较严重。遇有骨折类伤害，应做好紧急处理后，再送医院抢救。

为了确保伤员在运送途中的安全，防止断骨刺伤周围的神经

和血管组织，加重伤员痛苦，对骨折处理的基本原则是尽量不让骨折肢体活动，不要进行现场复位。因此，要利用一切可利用的条件，及时、正确地对骨折做好临时固定。

（1）上肢肱骨骨折的固定。可用夹板（或木板、竹片、硬纸夹等），放在上臂内外两侧，用绷带或布带缠绕固定，然后把前臂屈曲固定于胸前。也可用一块夹板放在骨折部位的外侧，中间垫上棉花或毛巾，再用绷带或三角巾固定。

（2）前臂骨折的固定。用长度与前臂相当的夹板，夹住受伤的前臂，再用绷带或布带自肘关节至手掌进行缠绕固定，然后用三角巾将前臂吊在胸前。

（3）股骨骨折的固定。用两块一定长度的夹板，其中一块的长度与腋窝至足根的长度相当，另一块的长度与伤员的腹股沟到足根的长度相当。长的一块放在伤肢外侧腋窝下并和下肢平行，短的一块放在两腿之间，用棉花或毛巾垫好肢体，再用三角巾或绷带分段扎牢固定。

（4）小腿骨折的固定。取长度相当于由大腿中部到足根那样长的两块夹板，分别放在受伤的小腿内外两侧，用棉花或毛巾垫好，再用三角巾或绷带分段固定。也可用绷带或三角巾将受伤的小腿和另一条没有受伤的腿固定在一起。

（5）脊椎骨折的固定。这是一种大型固定。由于伤情较重，在转送前必须妥善固定。取一块平肩宽长木板垫在背后，左右腋下各置一块稍低于身厚约 2/3 的木板，然后分别在小腿膝部、臀部、腹部、胸部，用宽带予以固定。颈椎骨折者应在头部两侧置沙袋固定头部，使其不能左右摆动。

3. 骨折临时固定时要注意的问题

（1）骨折部位如有开放性伤口和出血，应先止血，并包扎伤口，然后再做骨折的临时固定；如有休克，应先进行人工呼吸。

（2）对于有明显外伤畸形的伤肢，只要做临时固定进行大体纠正即可，而不需要按原形完全复位，也不必把露出的断骨送回伤口，否则会给伤员增加不必要的痛苦，或因处理不当使伤情加重。要注意防止伤口感染和断骨刺伤血管、神经，以免给以后的救治造成困难。

（3）对于四肢和脊柱的骨折，要尽可能就地固定。在固定前，不要随意移动伤肢或翻动伤员。为了尽快找到伤口，又不增加伤员的痛苦，可剪开伤员的衣服和裤子。固定时不可过紧或过松。四肢骨折应先固定骨折上端，再固定下端，并露出手指或趾尖，以便观察血液循环情况。如发现指（趾）尖苍白发冷并呈青紫色，说明包扎过紧，要放松后重新固定。

（4）临时固定用的夹板和其他可用作固定的材料，其长度和宽度要与受伤的肢体相称。夹板应能托住整个伤肢。除了把骨折的上下两端固定好外，如遇关节处，要同时把关节固定好。

（5）夹板或简便材料不能同皮肤直接接触，要用棉花或毛巾、布单等柔软物品垫好，尤其在夹板的两端，骨头突出的地方和空隙的部位，都必须垫好。

四、伤员搬运方法

经过急救以后，就要把伤员迅速地送往医院。搬运伤员也是救护的一个非常重要的环节。如果搬运不当，可使伤情加重，严重时还可能造成神经、血管损伤，甚至瘫痪，难以治疗。因此，对伤员的搬运应十分小心。

1. 单人搬运法

如果伤员伤势不重，可采用扶、掮、背、抱的方法将伤员运走。有三种方式：单人扶着行走，即左手拉着伤员的手，右手扶住伤员的腰部，慢慢行走，此法适于伤员伤势不重，神志清醒时使用；肩膝手抱法，若伤员不能行走，但上肢还有力量，可让伤员钩在搬运者颈上，此法禁用于脊柱骨折的伤员；背驮法，先将伤员支起，然后背着走。

2. 双人搬运法

有三种方式：平抱着走，即两个搬运者站在同侧，并排同时抱起伤员；膝肩抱着走，即一人在前面提起伤员的双腿，另一人从伤员的腋下将其抱起；用靠椅抬着走，即让伤员坐在椅子上，一人在后面抬着靠背部，另一人在前抬椅腿。

3. 几种严重伤情的搬运法

（1）颅脑伤昏迷者搬运。首先要清除伤员身上的泥土、堆盖物，解开衣襟。搬运时要重点保护头部，伤员在担架上应采取半俯卧位，头部侧向一边，以免呕吐时呕吐物阻塞气道而窒息，若有暴露的脑组织应保护。抬运应两人以上，抬运前头部给以软枕，膝部、肘部要用衣物垫好，头颈部两侧垫衣物使颈部固定。

（2）脊柱骨折搬运。脊柱骨俗称背脊骨，包括胸椎、腰椎等。脊柱骨折伤员如果现场急救处理不当，容易使其增加痛苦，造成不可挽救的后果。对于脊柱骨折的伤员，一定要用木板做的硬担架抬运。应由 2～4 人抬运，使伤员成一线起落，步调一致，切忌一人抬胸，一人抬腿。伤员放到担架上以后，要让他平卧，腰部垫一个衣服垫，然后用 3～4 根布带把伤员固定在木板上，以免在搬运中滚动或跌落，造成脊柱移位或扭转，刺激血管和神经，使下肢瘫痪。

无担架、木板，需众人用手搬运时，抢救者必须有一人双手托住伤者腰部，切不可单独一人用拉、拽的方法抢救伤者。否则，把受伤者的脊柱神经拉断，会造成下肢永久性瘫痪的严重后果。

（3）颈椎骨折搬运。搬运颈椎骨折伤员时，应由一人稳定头部，其他人以协调力量将伤员平直抬到担架上，头部左右两侧用衣物、软枕加以固定，防止左右摆动。

4. 搬运伤员时要注意的问题

（1）在搬运转送之前，要先做好对伤员的检查和完成初步的急救处理，以保证转运途中的安全。

（2）要根据受伤的部位和伤情的轻重，选择适当的搬运方法。

（3）搬运行进中，动作要轻，脚步要稳，步调要一致，避免摇晃和振动。

（4）用担架抬运伤员时，要使伤员脚朝前，头在后，以使后面的抬送人员能及时看到伤员的面部表情。

第二招
事态不可控　果断来逃生
——会紧急避险与逃生

一、紧急避险的方法

当作业场所发生人身伤害事故后，如果能采取正确的现场应急、逃生措施，可以大大降低死亡及出现后遗症的可能性。因此，每个职工都应熟悉急救、逃生方法，以便在事故发生后自救互救。

1. 及时发现危险征兆

事故发生之前，作业现场往往会出现某种异常现象。如有异常声响、振动、特殊气味，警报装置发出报警信息等。作业人员在操作过程中，应随时注意现场的状况，及时发现出现的异常情况，并能够从这些异常情况中判断出危险征兆。

2. 采取应急对策

迅速反应和采取正确的措施，是转危为安的关键。通常的应急对策是：及早发现现场的危险征兆，赢得时间；迅速查明危险所在的位置，正确判断危险出现的原因；立即采取措施消除危险，或及时报告。如果判断事故即将发生，来不及报告时，要立即停止设备运行，采取应急措施；当事故（如火灾、爆炸等）局部发生时，要立即采取相应的扑救措施，防止事故蔓延和二次事故发生。与此同时，要组织人员撤离现场，迅速避险。

3. 掌握转危为安的法宝

危险应急的根本目的就是转危为安。如何才能转危为安、化险为夷，这就要求现场人员首先要沉着镇定，临危不惧；然后采取对策，见机行事。很多情况下，如果对异常情况或者危险征兆判断准确，处理措施得当，就会避免伤亡事故的发生；反之，如果对危险处理不当，往往会造成更为严重的后果。

二、毒气泄漏时的避险与逃生

化学品毒气泄漏的特点是发生突然，扩散迅速，持续时间长，涉及面广。一旦出现泄漏事故，往往引起人们的恐慌，处理不当则会产生严重的后果。因此，发生毒气泄漏事故后，如果现场人员无法控制泄漏，则应迅速报警并选择安全逃生。不同化学物质以及在不同情况下出现泄漏事故，其自救与逃生的方法有很大差异。若逃生方法选择不当，不仅不能安全逃出，反而会使自己受到更严重的伤害。

1. 安全撤离事故现场

（1）发生毒气泄漏事故时，现场人员不可恐慌，按照平时应急预案的演习步骤，各司其职，井然有序地撤离。

（2）从毒气泄漏现场逃生时，要抓紧宝贵的时间，任何贻误时机的行为都有可能给现场人员带来灾难性的后果。因此，当现场人员确认无法控制泄漏时，必须当机立断，选择正确的逃生方法，快速撤离现场。

（3）逃生要根据泄漏物质的特性，佩戴相应的个体防护用具。如果现场没有防护用具或者防护用具数量不足，也可应急使用湿毛巾或衣物捂住口鼻进行逃生。

（4）沉着冷静确定风向，然后根据毒气泄漏源位置，向上风向或沿侧风向转移撤离，也就是逆风逃生；另外，根据泄漏物质的密度，选择沿高处或低洼处逃生，但切忌在低洼处滞留。

（5）如果事故现场已有救护消防人员或专人引导，逃生时要服从他们的指引和安排。

2. 提高自救与逃生能力

在毒气泄漏事故发生时能够顺利逃生，除了在现场能够临危不惧，采取有效的自救逃生方法外，还要靠平时对有毒有害化学品知识的掌握和防护、自救能力的提高。因此，接触危险化学品的职工，应了解本企业、本班组各种化学危险品的危害，熟悉厂区建筑物、设备、道路等，必要时能以最快的速度报警或选择正确的方法逃生。同时,企业应向职工提供必要的设备、培训等条件,通过对职工的安全教育和培训,使他们能够正确识别化学品安全标签,了解有毒化学品安全使用程序和注意事项,以及所接触化学品对人体的危害和防护急救措施。企业还应制订和完善毒气泄漏事故应急预案,并定期组织演练,让每一个职工都了解应急方案,掌握自救的基本要领和逃生的正确方法,提高职工对付毒气泄漏事故的应变能力,做到遇灾不慌,临阵不乱,正确判断和处理。

另外,根据国家有关法律法规,有毒气泄漏可能的企业,应该在厂区最高处安装风向标。发生泄漏事故后,风向标可以正确指导有关人员根据风向及泄漏源位置,及时往上风向或侧风向逃生。企业还应保证每个作业场所至少有两个紧急出口,出口和通道要畅通无阻并有明显标志。

三、火灾时的避险与逃生

火灾的发生往往是瞬间的、无情的,如何提高自我保护能力,从火灾现场安全撤离,成为减少火灾事故中人员伤亡的关键。因此,多掌握一些自救与逃生的知识、技能,把握住脱险时机,就会在困境中拯救自己或赢得更多等待救援的时间,从而获得第二次生命。

1. 遇到火情时的对策

(1)火势初期的对策。如果发现火势不大,未对人与环境造成很大威胁,其附近有消防器材,如灭火器、消防栓、自来水等,应尽可能地在第一时间将火扑灭,不可置小火于不顾而酿成火灾。

(2)火势失控后的对策。若火势失去控制,不要惊慌失措,应冷静机智地运用火场自救和逃生知识摆脱困境。心理的恐慌和崩溃往往使人丧失绝佳的逃生机会。

2. 建筑物内火灾的避险与逃生

(1)沉着冷静,辨明方向,迅速撤离危险区域。突遇火灾,面对浓烟和大火,首先要使自己保持镇静,迅速判断危险地点和安全地点，果断决定逃生的办法，尽快撤离险地。如果火灾现场人员较多，切不可慌张，更不要相互拥挤、盲目跟从或乱冲乱撞、相互践踏，造成意外伤害。

撤离时要朝明亮或外面空旷的地方跑，同时尽量向楼梯下面跑。进入楼梯间后，在确定下楼层未着火时，可以向下逃生，而决不应往上跑。若通道已被烟火封阻，则应背向烟火方向离开，通过阳台、气窗、天台等往室外逃生。如果现场烟雾很大或断电，能见度低，无法辨明方向，则应贴近墙壁或按指示灯的提示，摸索前进，找到安全出口。

（2）利用消防通道逃生。在高层建筑中，电梯的供电系统在火灾时随时会断电，或因强热作用使电梯部件变形而"卡壳"将人困在电梯内，给救援工作增加难度；同时由于电梯井犹如贯通的烟囱般直通各楼层，有毒的烟雾极易被吸入其中，人在电梯里随时会被浓烟毒气熏呛而窒息。因此，火灾时千万不可乘普通的电梯逃生，而是要根据情况选择进入相对较为安全的楼梯、消防通道、有外窗的通廊。此外，还可以利用建筑物的阳台、窗台、天台屋顶等攀到周围的安全地点。

如果逃生要经过充满烟雾的路线，为避免浓烟呛入口鼻，可使用毛巾或口罩蒙住口鼻，同时使身体尽量贴近地面或匍匐前行。

烟气较空气轻而飘于上部，贴近地面撤离是避免烟气吸入、滤去毒气的最佳方法。穿过烟火封锁区，应尽量佩戴防毒面具、头盔、阻燃隔热服等护具，如果没有这些护具，可向头部、身上浇冷水或用湿毛巾、湿棉被、湿毯子等将头、身体裹好，再冲出去。

（3）寻找、自制有效工具进行自救。有些建筑物内设有高空缓降器或救生绳，火场人员可以通过这些设施安全地离开危险的楼层。如果没有这些专门设施，而安全通道又已被烟火封堵，在救援人员还不能及时赶到的情况下，可以迅速利用身边的绳索或床单、窗帘、衣服等自制成简易救生绳，有条件的最好用水打湿，然后从窗台或阳台沿绳缓滑到下面楼层或地面；还可以沿着水管、避雷线等建筑结构中的凸出物滑到地面安全逃生。

（4）暂避较安全场所，等待救援。假如用手摸房门已感到烫手，或已知房间被大火或烟雾围困，此时切不可打开房门，否则火焰与浓烟会顺势冲进房间。这时可采取创造避难场所、固守待援的办法。首先应关紧迎火的门窗，打开背火的门窗，用湿毛巾或湿布条塞住门窗缝隙，或者用水浸湿棉被蒙上门窗，并不停泼水降温，同时用水淋透房间内可燃物，防止烟火渗入，固守在房间内，等待救援人员到达。

（5）设法发出信号，寻求外界帮助。被烟火围困暂时无法逃离的人员，应尽量站在阳台或窗口等易于被人发现和能避免烟火近身的地方。在白天，可以向窗外晃动鲜艳衣物，或向外抛轻型晃眼的东西；在晚上，可以用手电筒不停地在窗口闪动或者利用敲击金属物、大声呼救等方式，及时发出有效的求救信号，引起救援者的注意。另外，消防人员进入室内救援都是沿墙壁摸索前进，所以当被烟气窒息失去自救能力时，应努力滚到墙边或门边，便于消防人员寻找、营救。同时，躺在墙边也可防止房屋结构塌落砸伤自己。

（6）无法逃生时，跳楼是最后的选择。身处火灾烟气中的人，精神上往往陷于恐怖之中，这种恐慌的心理极易导致不顾一切地伤害性行为，如跳楼逃生。应该注意的是，只有消防人员准备好救生气垫并指挥跳楼时，或者楼层不高（一般4层以下），非跳楼即被烧死的情况下，才采取跳楼的方法。即使已没有任何退路，若生命还未受到严重威胁，也要冷静地等待消防人员的救援。

跳楼也要有技巧。跳楼时应尽量往救生气垫中部跳或选择有水池、软雨篷、草地等方向跳；如有可能，要尽量抱些棉被、沙发垫等松软物品或打开雨伞跳下，以减缓冲击力。如果徒手跳楼，一定要抓住窗台或阳台边沿使身体自然下垂，以尽量降低身体与地面的垂直距离，落地前要双手抱紧头部，身体弯曲成一团，以减少伤害。跳楼虽可求生，但会对身体造成一定的伤害，所以要慎之又慎。

3. 矿井发生火灾时如何避险与逃生

井下发生火灾事故时，现场人员要保持镇静，并尽力进行灭火。如果火灾范围很大，或者火势很猛，现场人员已无力扑灭，就要进行自救避灾。由于矿井环境的特殊性，因此积极进行自救避险显得极为重要。具体做法是：

（1）迅速戴好自救器，听从现场指挥人员的指挥，按照平时应急方案的演习步骤，有秩序地撤离火灾现场。

（2）位于火源进风侧人员，应迎着新风撤退。位于火源回风侧人员，如果距火源较近且火势不大时，应迅速冲过火源撤到进风侧，然后迎风撤退；如果无法冲过火区，则沿回风撤退一段距离，尽快找到捷径绕到新鲜风流中再撤退。

（3）如果巷道已经充满烟雾，也绝对不能惊慌，不能乱跑，要迅速地辨明发生火灾的地区和风流方向，然后俯身摸着铁道或铁管有秩序地外撤。

（4）如果实在无法撤出，应利用独头巷道、硐室或两道风门之间的条件，因地制宜，就地取材构建临时避难硐室，尽量隔断风流，防止烟气侵入，然后静卧待救。

（5）所有避灾人员必须统一行动，团结互助，共同渡过难关。

4. 提高自救与逃生能力

（1）熟悉周围环境，记牢消防通道路线。每个人对自己工作

场所环境和居住所在地的建筑物结构及逃生路线要做到了如指掌；若处于陌生环境，如入住宾馆、商场购物、进入娱乐场所时，务必要留意疏散通道、紧急出口的具体位置及楼梯方位等，这样一旦火灾发生，寻找逃生之路就会胸有成竹，临危不惧，并安全迅速地脱离现场。

（2）不断提高自己的安全意识。只有在日常工作和生活中注意积累和提高各种安全技能，才能使自己面对险境时保持镇静，得以生存。因此，有火灾隐患的单位或其他有条件的单位，应集中组织火灾应急逃生预演，使人们熟悉周围环境和建筑物内的消防设施及自救逃生的方法。这样，火灾发生时，就不会惊惶失措、走投无路，使每个人都能沉着应对，从容不迫地逃离险境。这也是人们能从火场逃生的最有效措施之一。

（3）保持通道出口畅通无阻。楼梯、消防通道、紧急出口等是火灾发生时最重要的逃生之路，应确保其畅通无阻，切不可堆放杂物或封闭上锁。任何人发现任何地点的消防通道或紧急出口被堵塞，都应及时报告公安消防部门进行处理。

第三招
救灾施手巧　事故损失小
——能够进行现场处置与救护

一、中毒窒息的救护

一氧化碳、二氧化氮、二氧化硫、硫化氢等超过允许浓度时，均能使人吸入后中毒。发生中毒窒息事故后，救援人员千万不要贸然进入现场施救，首先要做好预防工作，避免成为新的受害者。具体可按照下列方法进行抢救：

1. 通风

加强全面通风或局部通风，用大量新鲜空气对中毒区的有毒有害气体浓度进行稀释冲淡，待有害气体降到允许浓度时，方可进入现场抢救。

2. 做好防护工作

救护人员在进入危险区域前必须戴好防毒面具、自救器等防护用品，必要时也应给中毒者戴上，迅速将中毒者小心地从危险的环境转移到一个安全的、通风的地方；如果需要从一个有限的空间，如深坑或地下某个场所进行救援工作，应发出报警以求帮助，单独进入危险地方帮助某人时，可能导致两人都受伤；如果伤员失去知觉，可将其放在毛毯上提拉，或抓住衣服，头朝前地转移出去。

3. 进行有效救治

如果是一氧化碳中毒，中毒者还没有停止呼吸，则脱去中毒者被污染的衣服，松开领口、腰带，使中毒者能够顺畅地呼吸新鲜空气，也可让中毒者闻氨水解毒；如果呼吸已停止但心脏还在跳动，则立即进行人工呼吸，同时针刺人中穴；若心脏跳动也停止了，应迅速进行心脏胸外挤压，同时进行人工呼吸。

对于硫化氢中毒者，在进行人工呼吸之前，要用浸透食盐溶液的棉花或手帕盖住中毒者的口鼻。

如果是瓦斯或二氧化碳窒息，情况不太严重时，可把窒息者移到空气新鲜的场所稍作休息；若窒息时间较长，就要进行人工呼吸抢救。

如果毒物污染了眼部、皮肤，应立即用水冲洗；对于口服毒物的中毒者，应设法催吐，简单有效的办法是用手指刺激舌根；对腐蚀性毒物可口服牛奶、蛋清、植物油等进行保护。

救护中，抢救人员一定要沉着，动作要迅速。对任何处于昏睡或不清醒状态的中毒人员，必须尽快送往医院进行诊治，如有必要，还应有一位能随时给病人进行人工呼吸的人同行。

二、触电的救护

　　当通过人体的电流较小时，仅产生麻感，对肌体影响不大。当通过人体的电流增大，但小于摆脱电流时，虽可能受到强烈打击，但尚能自己摆脱电源，伤害可能不严重。当通过人体的电流强度接近或达到致命电流时，触电伤员会出现神经麻痹、血压降低、呼吸中断、心脏停止跳动等征象，外表上呈现昏迷不醒的状态，同时面色苍白，口唇紫绀，瞳孔扩大，肌肉痉挛，呈全身性电休克所致的假死状态。这样的伤员必须立即在现场进行心肺复苏抢救。有资料表明，触电后 3 min 开始救治者，90% 有良好效果；触电后 6 min 内开始救治者，50% 可能复苏成功；触电后 12 min 再开始救治，救活的可能性很小。

　　1. 触电后的急救

　　（1）低压触电者脱离电源。人触电以后，可能由于痉挛、失去知觉或中枢神经失调而紧抓带电体，不能自行脱离电源。这时，使触电者尽快脱离电源是救治触电者的首要条件。触电急救的基本原则是动作迅速、方法正确。

　　1）如果电源开关或电源插头在触电地点附近，可立即拉开开关或拔出插头，切断电源。要注意的是，由于拉线开关和平开关只控制一根线，如错误地安装在工作零线上，则切断开关只能切断负荷而不能切断电源。

　　2）如果电源开关或电源插头不在触电地点附近，可用绝缘柄的电工钳或用干燥木柄的斧头切断电源，或用干木板等绝缘物质插入触电者身下，隔断电流。

　　3）如果电线搭落在触电者身上或被压在身下，可用干燥的木棒、木板、绳索、手套等绝缘物作为工具，拉开触电者或挑开电线。

切不可用手拉触电者，也不能用金属或潮湿的东西挑电线。

4）如果触电者的衣服是干燥的，又没有紧缠在身上，可以用一只手抓住他的衣服，拉离电源。但因触电者的身体是带电的，其鞋的绝缘也可能遭到破坏。救护人不得接触触电者的皮肤，也不能抓他的鞋。

（2）高压触电者脱离电源：

1）立即通知有关部门停电。

2）带上绝缘手套、穿上绝缘靴，用相应电压等级的绝缘工具拉开开关。

3）如果事故发生在线路上，可抛掷裸金属线使线路短路接地，迫使保护装置动作，切断电源。抛掷金属线前，一定将金属线一端可靠接地，再抛掷另一端。被抛出的一端不可触及触电者和其他人。

（3）对触电者进行现场急救。触电者脱离电源后，应根据触电者的具体情况，迅速地对症救治。

1）如果触电者伤势不重、神志清醒，但有些心慌、四肢麻木、全身无力，或触电者曾一度昏迷，但已清醒过来，应让触电者安静休息，注意观察并请医生前来治疗。

2）如果触电者伤势较重，已经失去知觉，但心脏跳动和呼吸尚未中断，应让触电者安静地平卧，解开其紧身衣服以利呼吸；保持空气流通，若天气寒冷，则注意保温。严密观察，速请医生治疗或送往医院。

3）如果触电者伤势严重，呼吸停止或心脏跳动停止，应立即实施口对口人工呼吸或胸外心脏挤压进行急救；若二者都已停止，则应同时进行口对口人工呼吸和胸外心脏挤压急救，并速请医生治疗或送往医院。在送往医院的途中，不能中止急救。

4）若触电的同时发生外伤，应根据情况酌情处理。对于不危及生命的轻度外伤，可以在触电急救之后处理；对于严重的外伤，在实施人工呼吸和胸外心脏挤压的同时进行处理，如伤口出血，应予以止血，进行包扎，以防感染。

2. 救护时要注意的问题

（1）救护人员切不可直接用手、其他金属或潮湿的物件作为救护工具，而必须使用干燥绝缘的工具。救护人员最好只用一只手操作，以防自己触电。

（2）为防止触电者脱离电源后可能摔倒，应准确判断触电者倒下的方向，特别是触电者身在高处的情况下，更要采取防摔措施。

（3）人在触电后，有时会有较长时间的"假死"，因此，救护人员应耐心进行抢救，不可轻易中止。但切不可给触电者打强心针。

（4）触电后，即使触电者表面的伤害看起来不严重，也必须接受医生的诊治。因为身体内部可能会有严重的烧伤。

三、烧伤的救护

烧伤是指各种热力、化学物质、电流及放射线等作用于人体后造成的特殊损伤。在生产过程中有时会受到一些明火、高温物体烧烫伤害，严重的烧伤会破坏身体防病的重要屏障，血浆液体迅速外渗，血液浓缩，体内环境发生剧烈变化，产生难以抑制的疼痛。这时伤员很容易发生休克，危及生命。所以烧伤的紧急救护不能延迟，要在现场立即进行。基本原则是：消除热源、灭火、自救互救。

1. 化学烧伤的救护

化学物质对人体组织有热力、腐蚀致伤作用，一般称为化学烧伤。其烧伤的程度取决于化学物质的种类、浓度和作用持续时间。常见的化学烧伤有碱烧伤和酸烧伤。常见化学烧伤的救护方法如下：

（1）生石灰烧伤。迅速清除石灰颗粒，用大量流动的洁净的冷水冲洗，至少 10 min 以上，尤其是眼内烧伤，更应彻底冲洗。切忌将受伤部位用水浸泡，防止生石灰遇水产生大量热量而加重烧伤。

（2）强酸烧伤。强酸包括硫酸、盐酸、硝酸。出现皮肤烧伤情况后，应立即用大量清水冲洗至少 10 min（除非另有说明）。如果衣服被污染，应立即脱掉或将污染的部位撕掉，同时用大量水冲洗。还可用4%碳酸氢钠或2%苏打水冲洗中和。

若眼部烧伤，首先采取简易的冲洗方法，即用手将患眼撑开，把面部浸入清水中，将头轻轻摇动。冲洗时间不低于 20 min。切忌用手或手帕揉擦眼睛，以免增加创伤。

吸入性烧伤可出现咳血性泡沫痰、胸闷、流泪、呼吸困难、肺水肿等症状。此时要注意保持呼吸道畅通，可用2%～4%碳酸氢钠雾化吸入。

消化道烧伤后上腹部剧痛、呕吐大量褐色物及食道、胃黏膜碎片。此时可口服牛奶、蛋清、豆浆、食用植物油任一种，每次200 mL，保护消化道黏膜。严禁催吐或洗胃，也不得口服碳酸氢钠，以免因产生大量的二氧化碳而导致穿孔。

（3）强碱烧伤。强碱包括氢氧化钠、氢氧化钾、氧化钾等。皮肤烧伤需用大量清水彻底冲洗创面，直到皂样物质消失为止；也可用食醋或2%的醋酸冲洗中和或湿敷。

眼部烧伤至少用清水冲洗 20 min 以上。严禁用酸性物质冲洗眼内，可在清水冲洗后点眼药水。

误服强碱后，立即口服食醋、柠檬汁以起到中和作用，也可口服牛奶、蛋清、豆浆、食用植物油任一种，每次 200 mL，保护消化道黏膜。严禁催吐或洗胃。

需要注意的是，严重烧伤早期应及时给伤员补充体液，防治休克。最好口服烧伤饮料、含盐饮料，少量多次饮用。不要单纯喝白水、糖水，更不可一次饮水过多。

2. 热烧伤的救护

火焰、开水、蒸汽、热液体或固体直接接触于人体引起的烧伤，都属于热烧伤。其烧伤程度取决于作用物体的温度和作用持续的时间。严重烧伤是很危险的，急性期要过三关：休克关、感染关、窒息关。后期还需进行整形植皮，严重烧伤的病人需施行几十次手术，最终也很难恢复到烧伤前的外形和功能。热烧伤的救护方法如下：

（1）轻度烧伤尤其是不严重的肢体烧伤，应立即用清水冲洗或将患肢浸泡在冷水中 10 ~ 20 min，如不方便浸泡，可用湿毛巾或布单盖在患部，然后浇冷水，以使伤口尽快冷却降温，减轻热力引起的损伤。穿着衣服的部位烧伤严重，不要先脱衣服，否则易使烧伤处的水泡皮一同撕脱，造成伤口创面暴露，增加感染机会。而应立即朝衣服上面浇冷水，待衣服局部温度快速下降后，再轻轻脱去衣服或用剪刀剪开褪去衣服。

（2）若烧伤处已有水疱形成，小的水疱不要随便弄破，大的水疱应到医院处理或用消毒过的针刺一小孔排出疱内液体，以免影响创面修复，增加感染机会。

（3）烧伤创面一般不作特殊处理，不要在创面上涂抹任何有刺激性的液体或不清洁的粉或油剂，只需保持创面及周围清洁即可。较大面积烧伤用清水冲洗清洁后，最好用干净纱布或布单覆盖创面，并尽快送往医院治疗。

（4）火灾引起烧伤时，伤员衣服着火时应立即脱去，如果一时难以脱下来，可让伤员卧倒在地滚压灭火，或用水浇灭火焰。冬天身穿棉衣时，有时明火熄灭，暗火仍燃，衣服如有冒烟现象应立即脱下或剪去以免继续烧伤。切勿带火奔跑或用手拍打，否则可能使得火借风势越烧越旺，或使手被烧伤。也不可在火场大声呼喊，以免导致呼吸道烧伤。要用湿毛巾捂住口鼻，以防烟雾吸入导致窒息或中毒。

（5）重要部位烧伤后，抢救时要特别注意。如头面部烧伤后，常极度肿胀，且容易引起继发性感染，导致形态改变、畸形和功能障碍。呼吸道烧伤，如吸入热气流会导致呼吸道黏膜充血水肿，严重者甚至黏膜坏死、脱落，导致气道阻塞；吸入火焰烟雾或化学蒸气烟雾，会使支气管痉挛，肺充血水肿，降低通气功能而造成呼吸窘迫。由于呼吸道烧伤属于内脏烧伤，容易被漏诊因而延误抢救，以致造成早期死亡。因此，要密切观察伤员有无进展性呼吸困难，并及时护送到医院做进一步诊断治疗。

3. 电烧伤的救护

电烧伤是电能转化成热能造成的烧伤。由于电能的特殊作用，电烧伤所造成的软组织损伤是不规则的立体烧伤，烧伤口小、基底大而深，不能单纯用烧伤部位的面积来衡量烧伤的程度，而应该同时注意其深度及全身情况。

电烧伤有两种情况：一种是接触性电烧伤，又称电灼伤，是人体与带电体直接接触，电流通过人体时产生的热效应的结果。在人体与带电体的接触处，接触面积一般较小，电流密度可达很大数值，又因皮肤电阻较体内组织电阻大许多倍，故在接触处产生很大的热量，致使皮肤灼伤。另一种是电弧烧伤，电气设备的电压较高时产生的强烈电弧或电火花，瞬间所产生的温度高达 $2\,500 \sim 3\,000\,℃$，可烧伤人体，甚至击穿人体的某一部位，而使电弧电流直接通过内部组织或器官，造成深部组织坏死。

电烧伤后体表一般有一个入口和相应的出口，且入口比出口损伤重。电弧烧伤一般不会引起心脏纤维性颤动，更为常见的是人体由于呼吸麻痹而死亡，故抢救时应先进行呼吸的复苏；有神志障碍者，头部可用冰帽或冰袋。